KB009425

바다가 만든 보석, 진주

바다가 만든 보석, 진주

시련과 슬픔으로 키워 낸 보석 이야기

2013년 5월 1일 초판 1쇄 발행

지은이 박흥식 · 김한준

펴낸이 이원중 책임편집 김명희 교정 류종순 삽화 안상희 디자인 이윤화
펴낸곳 지성사 출판등록일 1993년 12월 9일 등록번호 제10 – 916호
주소 (121 – 829) 서울시 마포구 상수동 337 – 4 전화 (02) 335 – 5494 ~ 5 팩스 (02) 335 – 5496
홈페이지 www.jisungsa.co.kr 블로그 blog.naver.com/jisungsabook 이메일 jisungsa@hanmail.net
편집주간 김명희 편집팀 김재희 디자인팀 이윤화, 이향란

ISBN 978 - 89 - 7889 - 268 - 1 (04400)
ISBN 978 - 89 - 7889 - 168 - 4 (세트)

이 도서의 국립중앙도서관 출판시도서목록(CIP)은 서지정보유통지원시스템 홈페이지(http://seoji.nl.go.kr)와
국가자료공동목록시스템(http://www.nl.go.kr/kolisnet)에서 이용하실 수 있습니다.
(CIP제어번호: CIP2013004216)

바다가 만든 보석, 진주

시련과 슬픔으로 키워 낸 보석 이야기

박흥식
김한준
지음

지성사

■차례

■여는 글

인간은 자신을 돋보이게 하기 위해 노력하는 본능이 있는 것 같다. 독특하고, 신기하게 생긴 물체가 있으면 우선 몸을 치장하는 데 사용하고 본다. 언제부터인지 몸을 장식하던 물체 중에 광채가 나는 덩어리를 '보석' 이라 부르게 되었고, 장식품에 머물던 보석은 어느덧 사람들의 경제력을 과시하는 수단 중 하나가 되었다.

수많은 종류의 보석 중에는 생물이 만들어 내는 것도 있다. 단단하거나 화려하지 않지만 은은한 자연미를 가지고 있어서 이미 수천 년 동안 사람들의 사랑을 꾸준히 받아온 보석, 진주이다. 사람들이 왜 조개 몸속에 들어온 불순물에 불과한 것을 '진주'라는 이름을 붙여 가며 귀하게 여기는지, 아마도 진주를 유심히 들여다본 적이 있다면 이해할 수 있을 것이다.

태평양의 섬나라에 근무하기 전까지 진주는 그저 보석의 하나로만 알고 있었다. 하지만 진주가 우리에게 흑진주 생산이라는 현실로 다가오면서, 진주를 생산하려면 아직까지 공개되지 않은 기술을 확보해야 한다는 것, 단순한 보석 가공과 다르게 진주를 만들어 내는 대상의 삶을 이해해야 한다는 것, 그리고 인간에게 아름다움을 제공하기 위해 조개는 혹독한 시련을 견뎌야 한다는 것을 알게 되었다. 이제 100년이 조금 넘는 역사를 가진 진주 양식 기술은 자연에서 얻었던 보석으로서 진주의 희소성을 감소시켰지만, 여전히 여성들에게는 가장 가지고 싶은 보석의 하나로 사랑받고 있다.

진주를 소개하고자 많은 경로를 통해 자료를 얻었다. 하지만 생소한 외국어로 된 용어와 과학 전문용어를 한국말로 바꾸어 정리하는 일과, 같은 이야기의 내용이 조금씩 달라 정답을 확인하는 과정이 가장 힘들었다. 가능한 반복해서 소개된 내용만을 정리하였지만, 일부 내용에 대한 오해가 우려되는 부분도 있다. 보석 디자인이라는 민감한 사안임에도 완성품 촬영을 기꺼이 허락해 주신 진주과학연구소 박경민 사장님과 예작보석에 깊은 감사를 드린다. 그리고 오랜 시간을 믿고 기다려 주신 함춘옥 선생님과 눈높이 조정에 고생하신 지성사 편집부에도 감사드린다.

저자 일동

1
진주와 인간

진주眞珠! 생김새를 들여다보고 있으면 '참, 이름 하난 잘 지었다' 라는 감탄이 절로 나온다. 말 그대로 모습이 '참다운 구슬'이란 뜻과 맞아 떨어지기 때문이다. 어떻게 자연에서 이렇게 영롱한 모양의 구슬이 만들어질 수 있는 것인지……. 이런 경우가 또 있을까?

이렇게 잘 어울리는 이름 '진주'에 대한 정확한 어원은 알려져 있지 않다. 중국의 고서인 『본초강목』에 한자는 다르지만 '珍珠' 로 표기되어 있는 것으로 보아 중국의 영향을 받아 우리나라에서도 '진주'라 부르게 된 것 같다. 서양에서는

여성이면 하나쯤 간직하고 싶은 흑진주(왼쪽)와 아코야 진주 목걸이(오른쪽)

진주를 'Pearl'이라고 하는데, 이는 라틴어 'Perle, Perna'에서 온 것으로 '바다의 눈'이라는 의미이다. 또 진주를 '마가렛Margaret'이라고도 불렀는데 이는 그리스어 '마르가리테스Margarites'가 어원이다. 이렇게 시작된 이름은 영국에서는 '마거릿', 프랑스에서는 '마르거릿marguerite', 에스파냐에서는 '마르가리타Margarita' 등으로 불렸다. 이 단어가 귀에 익숙한 것은 진주처럼 아름답고 고귀한 여성으로 키우고 싶은 바람을 담아 많은 사람이 딸의 이름으로 사용했기 때문이다. 은은한 향기를 가진 꽃 이름에도 '마거리트'가 있으며, 흑진주를 만들어 내는 조개를 학술적으로 표기할 때 '마거리티페라*Pinctada margaritifera*'라고 쓴다.

진주는 보석인가?

보석이라고 하면 우선 다이아몬드, 오팔, 비취, 에메랄드, 사파이어, 루비처럼 색이 독특하고 빛을 받으면 다양한 각도로 반짝이는 광물을 떠올린다. 여기에 희귀하고 모양이 예쁘며 오랫동안 변하지 않는 내구성까지 갖추었다면 그 가치는 한없이 올라간다. 하지만 광물이라면 이런 특징을 지니지만, 결코 모든 광물이 보석이 될 수는 없다. 지금까지 전 세계에서 발견된 3000여 종의 광물 중 약 50여 종만이 보석으로서 가치를 가진다. 그런데 광물이 아니면서 아름다움과 희소성 때문에 보석에 포함되는 것이 있다. 소나무의

생물이 만들어 낸 보석들로 산호(왼쪽)와 호박(오른쪽)

송진 등으로 만들어진 호박, 산호를 가공한 산호, 조개 속에서 만들어지는 진주 등으로, 이들은 동물과 식물에서 만들어진다고 해서 '유기질 보석'이라고 한다.

진주는 조개의 몸속에서 만들어진다. 그러나 모든 조개가 언제든지 만들어 낼 수 있는 것은 아니다. 조개는 물을 입수관入水管으로 빨아들여 물 속에 포함된 유기물을 걸러 먹고 다시 밖으로 내보낸다. 이때 물에 섞여 들어온 여러 가지 불순물들을 미리 걸러 내지만, 간혹 조갯살 속까지 파고 들어가는 것이 생긴다. 단단한 불순물은 조개껍질 안쪽에 붙거나 조개의 몸속을 돌아다니게 된다. 조개 몸속을 돌아다니던 불순물이 조갯살에서 나오는 조개껍질을 만드는 물질에 서서히 둘러싸이다 보면 조금씩 커지게 되는데 이것이 진주이다. 결국 진주는 조개 몸속으로 들어왔지만 몸 밖으

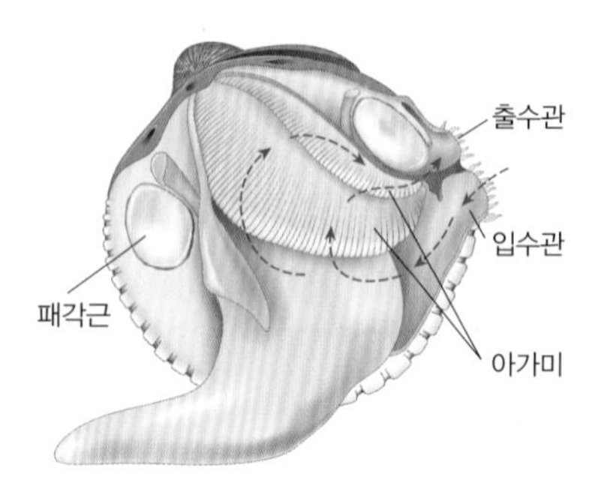

먹이를 따라 입수관을 통해 들어온 물이 위를 통과한 후 몸속에 머물다가 아가미를 거쳐 다시 몸 밖으로 나간다.

로 내보내지 못한 찌꺼기들이 조개가 만들어 내는 물질에 둘러싸여 조개껍데기 안쪽처럼 매끈하게 만들어진 것이다.

보석 중에 가장 단단하고 화려하며 고급스러운 것으로 다이아몬드를 꼽는다. 하지만 가장 천연의 아름다움을 지닌 보석은 진주일 것이다. 그런 까닭에 다이아몬드 원석을 연마하는 방법이 발명되기 전에는 진주가 최고의 대접을 받았다. 지금처럼 진주조개를 양식하여 진주를 만들지 못했던 시절, 아주 드물게 조개 속에서 발견되는 진주는 매우 귀한 보석이었다. 화려한 다이아몬드와는 달리 은은하고 고운 느낌이 인간의 정서와도 잘 어우러졌다. 6월의 탄생석인 진주는 '건강', '장수', '행복'을 의미한다. 나이와 옷차림, 계절에 구애 받지 않고 누구에게나 잘 어울리며, 최근에는 신부들이 다이아몬드 다음으로 받고 싶어 하는 결혼 예물 중 하나라고 한다.

역사 속의 진주

인류에게 가장 오랫동안 사랑받는 보석 중 하나가 진주이다. 특별히 가공을 해야 한다거나 다른 보석처럼 광맥을 찾아 채굴해야 하는 번거로움 없이도 손에 넣을 수 있었기 때문이다. 희귀성과 자연스러운 아름다움을 두루 갖춘 진주의 흔적을 찾아 역사를 거슬러 올라가면, 기원전 4500년 무렵 바빌론의 비스마야 유적과 기원전 2540년 이집트의 제6왕조 무덤에서 발견되었다는 기록과 만난다. 현재까지는 가장 오래된 진주에 대한 기록이다. 그 후로도 기원전 2000년 무렵에 만들어진 것으로 추정되는 페르시아 유적에서도 진주 목걸이가 나왔고, 기원전 400년 무렵의 페르시아 왕궁 터에서도 목걸이 형태를 갖춘 진주가 출토되었다.

동양에서도 진주는 오래전부터 보석으로서 가치를 높게 평가받아 왔다. 중국 한나라 역사를 다룬 『한서漢書』에는 경제 임금 때 왕에게 바치는 공물 목록에 진주가 포함되어 있다는 기록이 있으며, 당나라 때에는 무역용 진주를 담당하는 관리가 임명되기도 하였다. 『일본서기』에서도 진주의 가치를 언급한 기록을 볼 수 있어서 보석으로서뿐만 아니라 재산 가치도 높았다는 것을 짐작할 수 있다.

대중적으로 잘 알려진 진주에 관한 기록은 누가 뭐라 해도 이집트의 여왕 클레오파트라와 관련된 내용일 것이다. 기원전 1세기 경에 살았던 클레오파트라 여왕은 유난히 진주 목걸이를 즐겨 착용했다고 한다. 여왕은 이집트에 트집을 잡으러 온 로마의 장군 안토니우스 앞에서 포도주(일설에는 식초)가 가득 담긴 잔에 자신의 진주 귀걸이를 던져 넣어 진주가 녹자 그것을 마셔 버렸고, 이 모습을 본 안토니우스는 그녀의 대범함에 반하게 되었다는 일화가 전해진다. 특수한 경우이기는 하지만 진주를 식용하기도 했다는 사실이 놀라울 뿐이다.

『성서』에도 진주가 고귀한 것으로 표현되고 있어서 오랜동안 사람들과 밀착되어 있었던 친밀한 보석이란 것을 다시 한 번 확인할 수 있다.

> Again, the kingdom of heaven is like a merchant looking for fine pearls. When he found one of great values, he went away and sold everything he had and bought it. (또, 천국은 마치 좋은 진주를 구하는 장사꾼과 같으니 극히 값진 진주 하나를 발견하매 가서 자기의 소유를 다 팔아 그 진주를 사느니라. _마태복음 13:45~46)

> Do not give dogs what is sacred; do not throw your pearls to pigs. If you do, they may trample them under their feet, and then turn and tear you to pieces. (거룩한 것을 개에게 주지 말며, 너희 진주를 돼지 앞에 던지지 말라. 그들이 그것을 발로 밟고 돌이켜 너희를 상하게 할까 염려하라. _마태복음 7:6)

> And the twelve gates were twelve pearls, each gate was made of a single pearl. (그 열두 문은 열두 진주니 문마다 한 진주요. _요한계시록 21:21 중에)

진주로 치장한 중세 시대 이후 복장을 재현한 미키모토 박물관의 전시물 _영국 엘리자베스 1세(왼쪽), 중국 청나라의 왕비(가운데), 페르시아 왕자(오른쪽)

중세 유럽에서도 진주의 가치는 빛을 발했다. 특히 16세기는 가히 '진주의 시대'라고 할 만큼 그 가치가 최고에 올랐다. 자연에서 채취할 수 있는 진주는 양이 한정되어 있는데 그 인기는 날로 높아져 수요가 공급을 따르지 못하는 형편이었다. 요즘 기준으로는 상품성이 없는 진주조차도 '천사의 눈물', '사랑하는 사람의 결정체'와 같은 과장된 미사여구를 붙여 거래될 정도였다. 인기가 높았다고는 하지만 비싼 보석이기에 여전히 왕족이나 귀족, 부유한 상인과 같은 일부 계층이 독점하는 형태를 벗어나지는 못했다.

다이아몬드를 가공하는 방법이 개발된 이후 보석의 최

고 가치가 희귀성에서 화려함으로 바뀌면서 진주의 인기가 주춤하기는 했다. 하지만 곧 자연에서 얻어야 하기 때문에 공급이 한정되는 자원이라 다이아몬드에 크게 뒤지지 않고 거의 대등한 위치를 유지했다. 근세의 인물 가운데 진주에 애착을 보인 인물로는 엘리자베스 1세가 있다. 일곱 줄짜리 진주 목걸이를 즐겨 착용했으며 진주로 장식한 드레스를 3000여 벌이나 갖고 있었다고 한다.

진주의 신비로운 상징성

동서양을 막론하고 진주가 오랫동안 사람들의 마음을 사로잡을 수 있었던 것은, 고유의 아름다움에 덧붙여 종교적 의미와 신비로운 이미지까지 가지고 있었기 때문이다.

로마 시대에 플리니우스 장군은 '바닷속에 사는 조개가 물 밖으로 나와 물안개를 마시면 몸속에 동그란 진주가 만들어진다.' 고 했다. 조개가 물 밖으로 나올 때 번개가 치면 진주가 찌그러지고 날이 흐리면 진주의 빛도 탁해진다는 재미있는 해석도 하였다. 그 시절에 진주는 '얼어붙은 신의 눈물' 이라고 표현할 만큼 귀하게 여기는 보석이었다.

인도에서도 오래전부터 진주를 신성하게 여겼다. 인도에서 '생명', '영광', '지식'을 상징하는 진주는 혼례를 치를 때 빼놓지 않았던 중요한 예물이었다. 고대 인도에서는 '모든 생물은 진주를 만들 수 있는데 보름달이 뜬 밤에 맺힌 이슬이 눈에 들어가면 진주가 된다. 특히 굴은 하늘을 향해 입을 벌리고 있기 때문에 더 잘 만들 수 있다'고 믿었다. 이처럼 진주를 이슬과 연관 지어 생각한 것은 그만큼 진주의 이미지가 '순결하다'는 것으로 해석할 수 있다. 인도의 신 가운데 크리슈나가 결혼 선물을 하기 위해 직접 바다에 들어가 진주를 채취했다는 설화도 전한다.

진주는 마치 거울과 같이 모습이 비치는 보석이다. 아코야 진주(위), 남양진주(가운데), 흑진주(아래)

고대 중국 설화에서는 조개가 달빛과 사랑하여 태어난 것이 진주라고 하였으며, 광둥성廣東省 해안가 지역에서는 인어가 흘린 눈물이 진주가 된다고 하여 '인어의 눈물'이라고 불렀다. 폭풍이 심하게 몰아치고 번개가 치는 날 어부가 진주를 지니고 있으면 사고를 피할 수 있다고 믿었다니 부적의 역할도 하였다. 또 중국에서는 진주가 달을 상징하기도 한다. 달처럼 생긴 동그란 모습보다는 불빛에 비춰 보면 반사되는 빛에 의해 진주 표면에 동그란 보름달이나 초승달 모양이 나타나기 때문이라고 한다. 달의 주기가 여성의 생리주기와 유사하여 흔히 달은 여성을 상징하기도 한다.

이런 이유로 여성과 달 그리고 진주를 관련지어 여성스러운 보석이라 생각하는 것 같다. 그래서인지 언제부터인가 진주는 결혼한 여성이 아기를 갖기 원할 때 또는 아기를 순조롭게 출산하기를 기원할 때, 몸에 지니는 부적 같은 상징이 되었다. 이러한 믿음을 통해 진주는 자연스럽게 여성의 행복을 표현하는 보석이 되었을 것이다.

또한 진주는 광택과 색상이 야단스럽지 않고 은은하면서도 순수해서 장례식처럼 엄숙한 자리에서도 착용할 수 있는 이중적인 성격을 지닌 보석이다.

진주로 만든 장신구들

자연에서 만들어지는 진주가 원형을 유지하기는 거의 불가능하다. 대부분 울퉁불퉁하고 색도 다양하다. 이런 천연 진주 중 원형에 가까운 진주를 크기가 비슷한 것만 모아 꿰어 만든 목걸이를 '비들'이라고 부른다. 진주 양식이 시작되기 전에는 진주로 만든 장신구 가운데 비들을 최고로 꼽았다. 한 개도 구하기 힘든 원형의 천연 진주를 비슷한 크기로 최소 30개 이상은 모아야 비들을 만들 수 있기 때문이다. 어려운 여건에서 만들어진 비들의 은은한 광택은 비록 흑진주라고 해도 착용한 사람의 얼굴을 환하게 빛내 준다.

진주로만 만들어진 목걸이를 비들이라고도 한다. 아코야 진주 목걸이(왼쪽)와 흑진주 목걸이(오른쪽)

양식으로 진주를 생산하게 되었어도 워낙 동그란 진주는 구하기가 어려워서 약간의 흠집이 있더라도 금 장식 등으로 흠집을 감추어 귀걸이나 반지, 목걸이를 만들었다. 동그란 진주 끝에 금으로 된 줄을 연결하여 만든 귀걸이가 찰랑찰랑 흔들리는 모습은 보석으로서 진주의 가치를 잘 살려준다.

천연 진주는 오래전부터 페르시아 만에서 채취한 조개에서 많이 발견되었다. 이곳에서 생산된 진주는 크림색보다는 주로 핑크빛을 띠었다. 진주는 색깔에 따라서도 등급이 나뉜다. 프랑스에서는 핑크와 크림색이 섞인 진주를 '로제'라고 부르며 가장 비싸게 팔리고, 유럽에서는 짙은 녹색을 띠는 흑진주나 핑크빛이 도는 유백색 진주가 최고로 가치가 높다. 인도에서는 검은색 광택을 지닌 진주가 인기가 있고, 중국에서는 백옥같이 하얀 백색 진주를 좋아한다. 한국 사람들은 색은 크게 신경 쓰지 않는 편으로, 크기와 광택 나는 것을 좋아하는 것 같다.

길이를 조절해 다양하게 멋을 낼 수 있는 비들

진주가 품은 이야깃거리

세계에서 가장 큰 진주

진주는 어느 정도까지 클 수 있을까? 세상에서 가장 큰 진주는 얼마만 할까? 아마도 지금 '조개 속에서 자라는 진주가 커야 얼마나 크겠어' 라고 생각하는 분도 있을 것이다. 1934년 5월 필리핀 남부 팔라완 섬에서 길이 23센티미터, 지름 14센티미터인 진주가 발견되었다. '라오체 진주' 또는 '알라의 진주'라고 불리는 이 진주의 무게는 무려 6.37킬로그램이나 되었다. 1971년 7월 경매 시장에 나온 이 진주의 가격은 408만 달러로 비싸게 평가되었지만, 당시에는 사겠

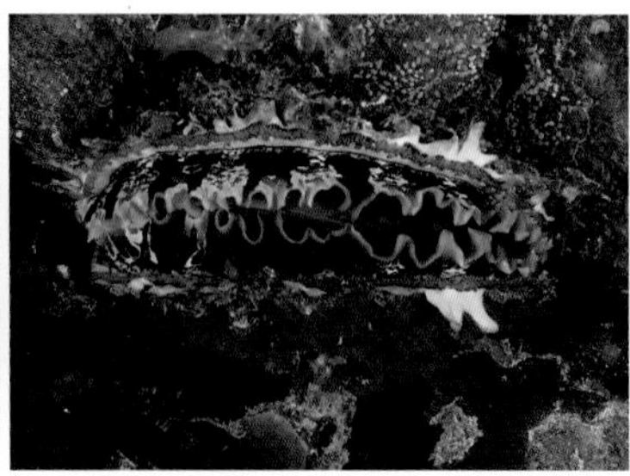

모든 조개가 진주를 만든다면 대왕조개가 제일 큰 진주를 만들어 내겠지만 실제로는 대왕조개가 진주를 생산했다는 기록은 없다. 바닷속에서 만난 대왕조개(왼쪽)와 대형 천연 진주가 간혹 발견되는 열대 굴(오른쪽)

다는 사람이 없어서 채취한 원주민은 헐값에 팔아야 했던 것으로 알려져 있다. 워낙 크기가 커서 진짜 조개에서 만들어진 천연 진주인지 의심하는 사람이 많았고, 모양도 마치 사람의 뇌처럼 주름이 지고 타원형이라서 원하는 가격으로는 판매할 수가 없었다고 한다. 이 진주를 품은 조개를 채취할 때에 육지로 끌어올리는 데만 열 사람 정도가 동원되었다고 하니 그 크기가 상상이 되지 않는다. 그 조개를 사진으로라도 볼 수 없어 아쉽기는 하지만 진주 크기로 미루어 대왕조개Giant clam나 열대 산호초에 서식하는 굴*Spondylus* sp.로 짐작된다.

진주에 대한 믿음

진주를 보석이나 장신구 외에 약으로 사용하였다는 기록도 있고, 최근에는 화장품 등의 원료로도 이용되고 있다.

중국에서는 예로부터 진주 가루를 마시면 음식이나 약품으로 인해 생긴 중독 증세가 없어지고, 귓병이나 눈병에 효과가 있다고 알려져 있었다. 진주 생산량이 많은 페르시아 지방에서도 소화 불량, 말라리아에 효과가 있다고 믿었으며, 인도에서는 해열, 폐질환, 눈병, 두통, 중풍, 천연두에 효과가 있다고 전해진다. 독일에서는 강장제로 사용한 기록이 있다. 그 외 불면증, 부인병, 야뇨증에도 효과가 있는 것으로 알려져 있다.

진주 양식이 시작된 이후 보석으로서 상품 가치가 떨어지는 진주를 곱게 갈아서 화장품으로 만들거나 장식품 같은 다양한 상품을 만들고 있다. 진주조개 껍질로 만든 장식품(위)과 진주를 원료로 만든 화장품(아래)

진주의 주성분인 탄산칼슘은 사람의 몸속 혈액이 산성화되면서 생기는 질병에 대항하여 알칼리성으로 변화시키는 역할을 할 수 있으므로, 실제 효과가 있는지는 모르겠지만 이론적으로는 건강 회복에 도움이 될 가능성이 있다. 최근에는 화장품이나 샴푸의 원료로 진주를 사용하는 경우가 늘고 있다. 이는 진주가 미용에 효과가 있다기보다는 반짝이는 성질이 여성을 아름답게 하고 진주가 가지는 의미 때문인 것으로 보여진다.

타히티에서 생긴 일

2004년 베이징 올림픽을 개최하면서 중국은 지구상의 모든 국가가 참여하는 것을 목표로 삼았다. 이 목표를 달성하기 위해 중국 정부는 전 세계 국가를 상대로 적극적인 홍보 활동을 펼쳤다. 특히 남태평양 지역의 국가에는 오래전부터 중국계가 진출하여 주요 상권을 장악하고 있었지만 이들은 주로 타이완 출신 사람들이었다. 이들의 영향을 받은 이곳 국가들은 주로 타이완과 수교를 맺고 있어 중국과는 협력 관계가 거의 없었다.

중국은 식민 통치국부터 수교하는 전략을 세운 뒤, 먼

진주조개와 진주로 만들어진 제품들_ 중국 황산 진주 박물관의 용과 여러 가지 기념품(왼쪽), 미키모토 박물관의 왕관(오른쪽)

저 프랑스령인 타히티를 국가 주석이 직접 방문하기로 결정하였다. 독립 국가 대접을 받는 타히티로서도 기꺼이 대대적인 환영 행사를 준비하였다. 열렬한 환영을 받으며 타히티를 방문한 당시 장쩌민江澤民 중국 주석은 공식석상에서 타히티 대통령의 환대를 받았을 뿐 아니라 수백 개의 흑진주로 장식한 모자와 목걸이를 선물받았다. 타히티로서는 최고의 선물을 준비한 것이지만 풍속이 다른 중국에서는 검은

색이 죽음을 의미하기 때문에 온통 검은색으로 치장한 장쩌민 주석은 기분이 좋을 리 없었다. 행사가 진행되는 동안 사진을 찍을 때나 대화를 나눌 때에도 장 주석은 불편한 심기를 고스란히 드러냈다. 결국 행사가 끝나자마자 장 주석은 곧바로 목걸이와 모자를 벗어 버렸다고 한다. 우리가 흑진주 선물을 받았다면 어땠을까?

비너스의 탄생

미의 여신 비너스가 탄생하는 순간을 아름다운 여인이 조개에서 태어나는 모습에 비유한 명화가 있다. 이탈리아의 화가 산드로 보티첼리가 그린 「비너스의 탄생」으로, 조개에서 만들어지는 영롱한 진주와 아름다운 여인을 대비시킨 유명한 작품이다.

그러나 해양생물학자인 필자들의 눈엔 오류가 먼저 눈에 띈다. 그림 속 비너스가 서 있는, 즉 비너스를 탄생시킨 조개는 가리비류이다. 가리비는 맛있는 조개임에는 틀림없지만, 진주를 거의 만들 수 없는 조개이다. 평면에 가깝게 벌어지는 조개껍데기의 구조와 머금은 물을 내뱉으면서 물속을 날듯이 이동하기 때문에 이 과정에서 몸속으로 들어온

보티첼리가 그린 「비너스의 탄생」에서 비너스가 서 있는 조개는 진주조개가 아니라 가리비이다.

불순물도 쉽게 뱉어 낼 수 있어 불순물이 진주로 자랄 때까지 품지 않기 때문이다. 실제로 자연에서 진주를 품어 키우는 조개는 대부분 진주조개나 열대 지역에 사는 굴이다. 가리비류와는 거의 관련이 없는 종이다. 보티첼리는 가리비류의 껍질이 평면에 가깝게 활짝 벌어지는 사실만을 보고 탄생의 순간을 표현했을 것이다. 아마 가장 맛있는 조개인 가리비도 진주를 만들 수 있다고 조금도 의심하지 않고 비너스를 탄생시켰을지도 모른다.

2
다양한 방법으로 만드는 진주

보석이 귀한 대접을 받는 이유 중 하나는 희소성이다. 특히 자연에서 저절로 만들어지는 아름다움은 세상 어디에서도 똑같은 모양을 찾을 수 없다는 데 그 매력이 있다. 양식 기술이 발달하여 지금은 얼마든지 진주를 생산할 수 있지만 천연의 아름다움에는 미치지 못한다. 이를 보완하기 위해 진주를 양식하는 과정에 자연성을 살리는 기간을 거쳐 천연 진주와 인공 진주의 차이를 줄이는 노력을 한다.

양식으로 생산된 다양한 색깔의 진주들

천연 진주

자연 속 조개에서 제 스스로 만들어진 진주를 천연 진주라고 한다. 천연 진주는 아마도 아주 오래전 조개를 식용하던 사람들에게 처음 발견되었을 것이다. 그러나 처음 진주를 찾은 사람은 귀한 보석이 아니라 음식에 못 먹을 불순물이 섞여 있다고 투덜거리며 던져 버렸을지도 모른다. 시간이 흐르면서 어느 누군가가 조개에서 나온 불순물을 유심히 들여다보게 되고, 독특한 색과 모양이 마음에 들어 비로소 몸을 치장하는 데 사용했을 것이다. 그렇게 시작되어 조금씩 보석으로서의 가치를 높여 갔을 것이다.

바닷속에 살고 있는 흑진주조개가 먹이를 먹거나 호흡을 하기 위해 조개껍질을 벌리고 있다.

천연 진주는 몸속에 들어온 불순물에 막을 씌워 자신의 몸을 보호하려는 조개의 자기 방어 행동에 의해 만들어진 물질이다. 조개는 대부분 진주를 만들 수 있지만 조개에 따라 크기와 색깔은 달라진다. 특히 진주의 형태는 핵이 되는 불순물의 모양에 따라 좌우된다. 사람도 개인마다 생김새가 다르듯이 같은 종의 조개라도 마치 전혀 다른 모양과 색깔을 가진 진주를 만든다. 따라서 자연에서 크기와 모양이 같은 진주를 얻기란 거의 불가능하다.

조개껍데기는 구성 성분에 따라 안쪽부터 진주층眞珠層, 능주층陵柱層, 각피층殼皮層의 세 층으로 되어 있다. 진주층은 방해석calcite 성분이 들어 있는 탄산칼슘으로 되어 있어서 표면이 매끄럽고 광택이 난다. 가운데 능주층과 바깥쪽의 각피층은 탄산칼슘만으로 이루어져 거칠다. 따라서 안쪽의 진주층을 만드는 성분이 조개 속으로 들어온 불순물을 감싸주어야 윤기 있고 매끈한 진주가 만들어진다. 이때 진주층

천연 진주는 진주를 만드는 핵의 모양에 따라 형태가 정해져 모양이 일정하지 않다(왼쪽). 진주층에 불순물이 붙어서 만들어진 천연 아코야 진주(오른쪽)

의 빛깔과 광택이 좋아야 아름다운 진주를 만들 수 있다.

조개 속으로 불순물이 들어왔다고 모두 진주가 되는 것은 아니다. 진주가 만들어지려면 조개의 외투막 껍데기와 맞닿은 부분의 피부로 바깥쪽 살을 말한다. 세포 가장자리에서 석회를 분비하여 조개껍데기가 커지거나 두껍게 하는 역할을 함 뒤쪽으로 들어간 불순물에, 외투막에서 조개껍데기를 만드는 세포가 달라붙어야 하고 이 세포가 증식하면서 불순물을 감싸 주어야 한다. 만일 조개껍질을 만드는 외투막 세포가 불순물에 붙지 못하고 불순물은 조개껍데기 안쪽에 위치하게 되면, 조개는 불순물과 껍데기 안쪽을 구분하지 못하고 세포에서 분비된 탄산염을 마치 못이 박힌 벽에 그대로 페인트를 칠한 것처럼 울퉁불퉁한 모양으로 만들게 된다.

진주가 상품 가치를 인정받으려면 불순물에 최소한 0.5밀리미터 이상의 진주층이 덮여야 한다. 보통 진주층은 한 번에 1마이크로미터가 덧씌워지기 때문에 이 정도의 두께가 되려면 최소한 수천 겹 이상 쌓여야 한다. 이렇게 만들어진 진주는 비록 탄산칼슘으로 되었지만 약 6퍼센트 내외의 유기물을 포함하고 있다. 천연 진주의 크기는 지름이 1밀리미터에서 십수 밀리미터까지 다양하지만 대부분 5밀리미터 이하로 작다.

보석으로서 가치가 있는 모양과 광택 등이 좋은 진주를 생산할 수 있는 조개는 극히 제한되어 있다. 온대 지역이나 산호초가 있는 열대 바다에 사는 종들이 주로 질 좋은 진주를 생산하는데, 그중에 진주를 쉽게 생산하는 조개를 진주조개라고 부른다. 처음에는 굴과 모양을 혼동하여 oyster라 하였는데, 여기에 껍데기가 잎사귀 모양이라고 하여 'lip'이라는 단어를 붙인다. 'lip'을 우리말로 옮기면 '엽' 또는 '접'이 되므로 일본에서 진주조개를 '백접패White-lip oyster', '흑접패Black-lip oyster'라고 부르는 것이 우리나라에서도 그대로 불려지고 있다.

양식 진주

자연에서 모양이 동그랗고 크기가 5밀리미터 이상인 진주를 만나기란 거의 불가능하다. 진주를 원하는 사람은 많아지는데 어느 정도 모양을 갖춘 가치 있는 진주를 구하기는 어려웠다. 점차 가격이 오르자 사람들은 직접 진주를 만들어 내는 방법을 고민하게 되었다. 오랜 연구 끝에 조개 속에서 진주가 만들어지는 원리를 응용하여 진주를 키우는데 성공하였고, 이렇게 생산한 진주를 '양식 진주'라고 부른다. 양식 진주는 진주를 품은 조개가 어디에서 양식되었는지에 따라 담수 진주와 바다 진주해수 진주로 나뉜다. 담수 진주는 바다에서 생산되는 바다 진주보다 생산이 쉬운 것으로 알려져 있다.

바다에서 양식하는 진주는 사람이 조개에 핵을 넣었을 뿐 진주가 자라는 과정은 천연 진주와 다를 것이 없어 굳이 구분하지 않는 경우도 있다. 다만, 일정 기간(약 3년 이내)이 지나면 수확하므로 대부분 천연 진주보다는 진주층이 얇다. 대표적인 바다 진주로는 아코야 진주, 남양진주, 흑진주 등이 있다.

아코야 진주

양식 진주 중 백색을 띠는 진주를 '아코야 진주Akoya pearl' 라고 부른다. '아코야' 는 진주조개를 뜻하는 일본말 '아코야가이あこやがい' 에서 유래한 것으로, 일본에서 처음으로 진주 양식이 성공하여 대량 생산에 사용된 조개이다. 서양에서는 동그란 원형 진주를 처음으로 대량 생산하는 데 성

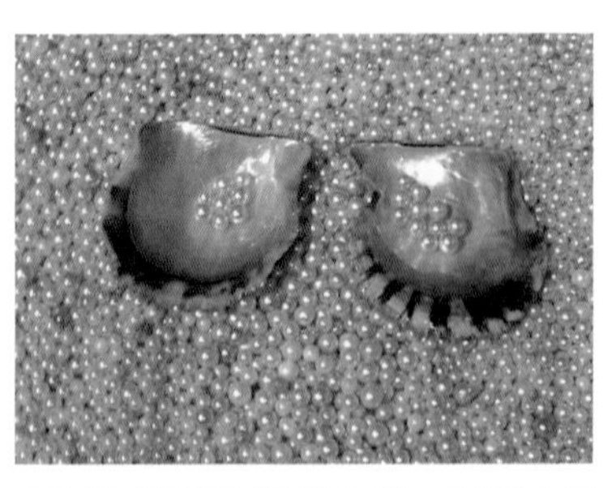

미키모토 박물관에 전시되어 있는, 일본에서 생산한 아코야 진주

공한 미키모토 코기치Mikimoto Kokichi가 설립한 회사가 유명하여, 진주를 생산하는 회사가 여러 군데 있음에도 일본에서 생산한 진주를 모두 '미키모토 진주'라고 부르기도 한다. 미키모토 진주는 지금도 세계적인 진주 브랜드이다.

아코야 진주 양식에 이용하는 조개는 학명이 *Pinctada fucata*로 일본 중남부, 중국에 서식하며, 우리나라 남해안이나 제주에서도 발견되는 종이다. 크기는 6~8센티미터, 폭이 3센티미터 정도인 소형 조개이며 수명은 10년 정도 된다. 조개가 작기 때문에 진주를 만들기 위해 넣는 핵 크기는 평균 지름이 5~6밀리미터쯤 된다. 간혹 핵을 두 개 넣는 경우도 있다. 이를 3년 정도 키워 지름이 8밀리미터 정도 되면 진주를 채취한다.

일본에서는 예전부터 진주조개가 나고야를 중심으로 중부 지방의 연안에서 많이 잡혀서인지, 처음 대량 양식에 성공한 곳도 나고야 근처 미에현三重縣이고 이곳을 중심으로 진주 양식도 발달해 왔다. 진주 양식 규모가 커지면서 미에현 바다에는 마치 우리나라 남해안의 굴 양식장 같이 그 끝이 보이지 않을 정도로 진주조개 양식장이 넓게 펼쳐져 있다.

아코야 진주는 주로 핑크색, 흰색, 크림색이 생산되는

데, 표면에 티가 없이 매끈하고 빛을 비추면 가운데 동그란 모양의 테가 생기며 광택이 나는 것이 최고 품질로 평가받는다. 세계 어느 곳에서 생산되는 진주보다 광택이 좋고 빛깔이 아름다워서 많은 양을 생산하고 있지만, 여전히 그 가치를 인정받아 비싸게 팔리고 있다. 양식으로 생산되었다고 해도 진주 하나하나를 정밀하게 평가하여 가장 잘 어울리는 디자인을 고안해 액세서리로 만듦으로써 진주의 가치를 유지하면서 최대한 효과를 올리는 일본 기업들의 노력도 한몫하였다.

그러나 1980년대 이후 진주조개 양식 어장의 시설을

일본 나고야 미에현에 펼쳐진 아코야 진주 양식장

유지하기 위한 인건비와 재료비가 올라 비용이 많이 들어가자 경제성이 급격히 떨어지면서 일본의 진주 양식 규모가 줄어들고 있다. 품질 좋은 진주를 생산하기 위해 새롭게 양식 시설에 투자하기보다는 생산비가 상대적으로 적게 드는 저개발국에서 생산한 진주를 수입하여 이미 세계적으로 인정받는 세공 기술로 가공하여 부가 가치를 높이는 방식으로 전략을 바꾸었기 때문이다. 일본의 전략 변경으로 현재 아코야 진주는 중국에서 더 많이 생산된다. 하지만 광택과 품질은 아직 일본의 생산품보다 떨어진다.

우리나라에서도 1980년대까지 아코야 진주를 생산했

세계 최초로 인공 진주를 대량 생산한 미키모토 진주 양식장

는데, 백색보다는 주로 탁한 크림색 진주가 만들어져서 가치를 인정받지 못하였다. 그나마 최근에는 대부분의 진주 양식이 중단된 상태이다.

남양진주

진주를 생산할 때 이용되는 조개 중에 비교적 크기가 큰 남양진주조개*Pinctada Maxima*라는 조개가 있다. 동남아시아나 적도 주변에 주로 살고 있어서 '남양조개South Sea Pearl oyster, White-lip oyster'라고도 부른다. 이 조개가 만들어 낸 진주를 '남양진주South Sea Pearl' 또는 '남양 백진주'라고 하는데, 색깔은 아코야 진주와 같은 핑크색, 크림색, 노란색이다.

남양진주는 생산되는 지역에 따라서도 조금씩 색이 달라서 조개 이름도 진주색에 따라 다르다. 호주 북쪽에서 양식한 진주는 은회색을 띠어 이 진주를 품은 조개를 '실버립silver-lip'이라 하고, 미얀마나 타이 등 동남아시아에서 생산되는 진주는 노란색 또는 황색을 띠고 있어서 '골드립gold-lip'이라고 부른다. 남양진주를 가장 많이 생산하는 나라는 인도네시아이다. 적도 주변에 워낙 넓은 바다를 가지고 있어서 인도네시아 국내에서 채취한 같은 종에서 생산하는 진주의 색이 지방마다 조금씩 다르다.

남양진주의 특징은 뭐니 뭐니 해도 크기이다. 크기로는 다른 진주와 비교될 수 없다. 가장 작은 것도 지름이 10밀리미터 이상이며, 최근에는 호주와 인도네시아에서 20밀리미터 정도 크기의 진주가 생산되고 있다. 이런 크기로 진주를 만들 수 있는 것은 핵을 품어 진주로 키우는 조개가 아코야 조개보다 3배 이상 크고 성장 속도도 빠르기 때문에 가능하다.

진주조개 중에서 가장 크기가 크고 노란빛을 띠는 남양진주조개

이 조개는 진주를 키워 내는 데 2년이 채 걸리지 않는다. 조개껍질이 두꺼워서 반구형 진주는 한 번에 여러 개를 키울 수도 있다. 반쪽 핵 여러 개를 껍데기 안쪽에 붙이면 반구형 진주를 최대 10개까지 생산해 낼 수 있다. 조개의 크기가 워낙 크니까 자연에서 절로 만들어지는 천연 진주도 제법 클 것이라 기대된다. 그러나 맑고 깨끗한 열대 바다에 사는 조개라서 몸속으로 들어오는 불순물의 양도 적고, 먹이 활동을 활발히 하는 등 튼튼하기 때문에 웬만한 불순물은 쉽게

뱉어 낸다. 결국 남양조개는 천연 진주를 만들어 내기 어렵기 때문에 대부분의 남양진주는 양식으로 생산된다.

남양진주는 원형이고 크기가 클수록 가치가 높다. 색은 핑크색이 조금 더 인정을 받는다. 밝게 빛나는 광택은 흰색이지만 옅은 핑크빛이 도는 15밀리미터 정도 크기의 남양진주 한 알이 아코야 진주보다도 100배 정도(약 300만 원 이상) 더 비싸다고 하니 가히 진주 중에 으뜸이라고 할 수 있다.

흑진주

검은색 진주가 만들어지려면 조개 안쪽 진주층이 검은색이어야 한다. 검은색 조개하면 언뜻 홍합이 떠오른다. 실제로 홍합은 오래전부터 음식 재료로 사용했기 때문에 식사를 하는 과정에서 진주를 발견했다는 이야기가 심심치 않게 들리곤 하였다. 홍합보다 더 왕성하게 어두운 색깔의 진주를 만드는 조개가 있다. 흑진주조개Black Pearl Oyster로 학명은 *Pinctada Margaritifera*이다. 남양조개처럼 인도양이나 태평양의 적도 부근에 살고 있으며, 지역에 따라 조개껍데기의 검은색이 차이가 나는데 짙은 녹색, 청색, 심지어 은회색을 띠기도 한다. 이름은 흑진주Black pearl인데 실제로 짙은 검은색을 띠는 진주보다는 짙은 색을 가진 다른 빛이 도는 흑진주의 가치가 더 높다. 서양에서는 진주 표면은 짙은 녹색을 띠면서 빛에 비추면 무지개 색 편광이 생기는 흑진주를 최고로 여기고, 북유럽에서는 청색 또는 짙은 은회색이 도는 흑진주를 좋아한다.

흑진주조개도 남양진주조개와 같이 성장이 빠르고 크기가 20센티미터 내외로 크게 자라기 때문에 생산하는 진주도 클 것이라 생각되지만, 실제로는 남양진주조개보다 조개껍질이 얇고 생리적으로 매우 민감하여 핵을 넣으면 죽어버리는 경우가 많다. 그래서 흑진주의 크기는 보통 8~10밀리미터 정도로 생산된다.

최근에 크기가 15밀리미터 이상 되는 흑진주가 눈에 띄지만 가격이 매우 비싼 것을 보면 그만큼 생산하기가 어렵다는 뜻일 것이다. 크기가 12밀리미터 이상 되는 큰 진주는 두 번의 양식 과정을 거쳐야 만들 수 있다. 흑진주조개에 핵을 넣어서 2년쯤 키운 후에 흑진주조개를 벌려 8~10밀리미터 크기로 자란 진주를 수확한다. 진주를 꺼낸 자리에 다시 크기가 10밀리미터 이상 되는 핵을 집어넣고 키워 내야 한다. 왜냐하면 진주가 커지면서 가장 예쁜 색을 낼 때가 핵

핵을 심기 위한 기다리는 흑진주조개

에 진주층이 1~2밀리미터 정도 덮였을 무렵이기 때문이다. 아코야 진주와 같이 한 번 이식해서 오랫동안 키우면 진주의 크기는 커지겠지만, 광택이 적고 색이 탁해지는 등 진주의 품질이 떨어진다. 따라서 2년 후에 진주를 수확하고, 다시 그 자리에 조금 더 큰 핵을 넣고 2년을 기다린다. 보통 진주를 양식할 때는 조개를 쪼개서 진주를 수확하므로 진주가 만들어진다는 것은 곧 조개의 죽음을 뜻한다. 그러나 크기가 큰 흑진주를 얻기 위해서는 처음 핵을 심은 흑진주조개가 다치지 않도록 조심스런 수술 과정을 거쳐 작은 진주는 꺼내고 큰 핵을 넣는다.

흑진주는 양식을 시작한 지 얼마 되지 않았다. 1961년 타히티에서 일본 기술자에 의해 처음으로 성공하였지만, 양식 기술은 철저하게 비밀에 부쳐졌다. 한동안 흑진주는 타히티에서만 독점 생산되어 그 가치가 올라가 부르는 게 값이었다. 타히티는 양식을 하기 오래전부터 다양한 크기와 모양의 천연 흑진주가 발견되는 등 흑진주조개가 풍부한 지역이었다. 지금도 전 세계 흑진주의 90퍼센트 이상을 타히티에서 생산하고 있어 흑진주를 '타히티 펄Tahitian Pearl'이라고도 부를 정도이다.

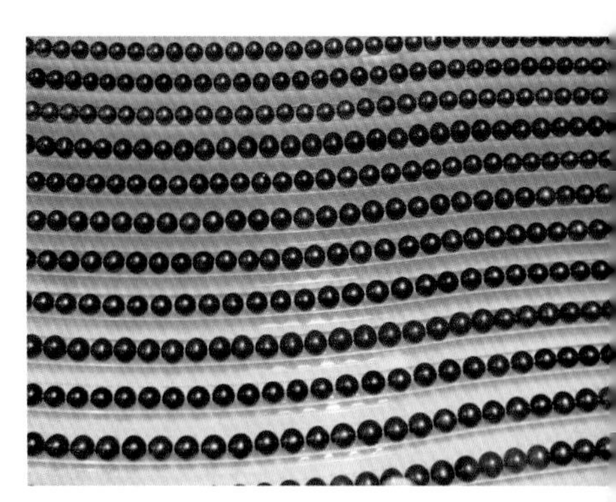

양식으로 생산된 흑진주

아프리카 수단, 이집트, 중남미의 파나마 등지에서도 꾸준히 양식 기술을 개발하고 있으며, 2000년 이후에는 대부분의 태평양 섬나라들이 흑진주를 생산하고 있다. 그럼에도 짙은 녹색을 띠며 모양이 동그랗고 크기가 15밀리미터 이상 되는 흑진주는 여전히 타히티에서만 생산할 수 있다.

흑진주도 남양진주와 같이 수확하면 가공하지 않은 자연 상태로도 상품적 가치를 가진다. 즉 바다에서 수확하자마자 보석으로서 가치가 있다. 흑진주가 이렇게 귀한 대접을 받자 색을 가공하여 흰색 진주를 검정색으로 염색한 위조품이 판매되거나 유리에 색을 입혀 속여 팔기도 한다. 심지어는 양식한 흑진주 중 색깔과 광택이 좋지 않은 것에 은

색을 입히거나 방사선으로 색을 보정하는 일도 있다. 하지만 현미경과 X-ray를 이용하면 간단하게 가공한 흔적을 확인할 수 있어 자연에서 만들어지는 흑진주의 가치를 훼손시키는 일은 없다.

마베 진주

마베 진주Black Winged Pearl도 아코야 진주처럼 일본에서 불리는 조개 이름을 그대로 사용한 것이다. 우리나라 이름은 '날개조개'이며 학명은 *Pteria Penguin*이다. 날개조개는 따뜻한 열대 지역에 사는 조개로, 큰 홍합처럼 생겼으며 물의 흐름이 빠른 곳에 산다.

날개조개를 이용한 진주 생산은 아코야 진주보다 조금 늦은 1910년대에 시작되었다. 그 무렵 일본의 진주 양식 기술자들은 반구형 진주 양식에 성공하자 여러 종류의 조개를 대상으로 진주 양식을 시도해 보았던 것 같다. 결국 검은색 반구형 진주를 날개조개에서 양식하는 기술을 개발하였다. 그러나 오랫동안 상품화되지 못하고 있다가 1950년대가 되어 일본의 유명한 진주 생산 회사 중 하나인 타사키Tasaki사에서 판매를 위한 생산을 시작하였다. 최근에는 크기가 10

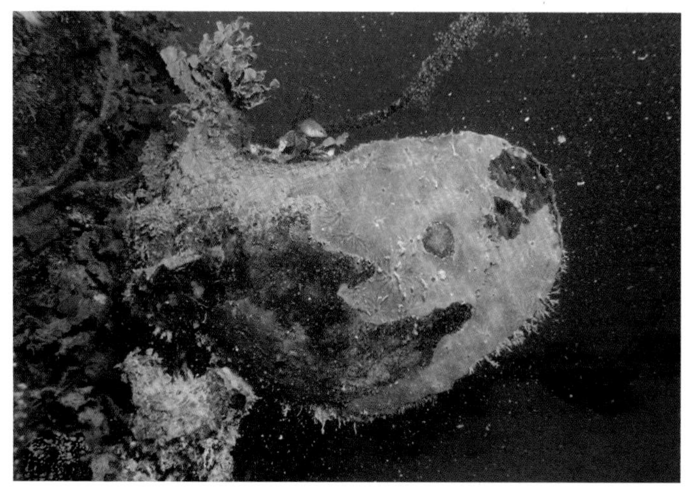
마베 진주를 만드는 날개조개의 크기는 30센티미터에 이른다.

밀리미터보다 작은 원형의 진주도 생산한다.

마베 진주는 짙은 검은색 바탕에 다양한 광택을 지니고 있어서 진짜 흑진주로 오해할 수도 있다. 원형보다는 핵의 모양을 다양하게 하여 하트나 둥근 모양의 진주를 생산하기도 한다. 주로 브로치와 같이 반구형 장식용에 사용된다.

우리나라에서는 2010년에 날개조개와 유사하지만 모래 지역에 사는 키조개에서 검은색 진주를 생산하는 기술을 개발하였지만, 아직 상품화할 만큼 대량으로 생산하지 못하고 있다.

전복 진주

전복은 아주 오래전부터 사람들에게 친숙한 고둥이다. 담백한 살은 귀한 음식의 재료로, 껍데기는 안쪽에 생기는 녹색 무늬와 아름다운 광택을 살려 가구나 장신구의 재료로 사용되었다. 안쪽 진주층이 형형색색으로 아름답고 광택이 있어서 품질 좋은 진주를 양식할 수 있을 것 같지만 전복에서 진주를 생산하는 일은 쉽지 않았다. 껍데기 안쪽에 핵을 붙여서 반원형 진주를 만드는 시도가 여러 차례 반복되었지만, 껍질이 얇고 민감하여 핵을 이식하면 대부분의 전복이 죽어 버렸다. 전복 진주Abalone Pearl 양식을 성공하기 위해 껍데기가 두꺼운 종을 찾다가 호주와 미국에 서식하는 전복에서 해답을 찾았다.

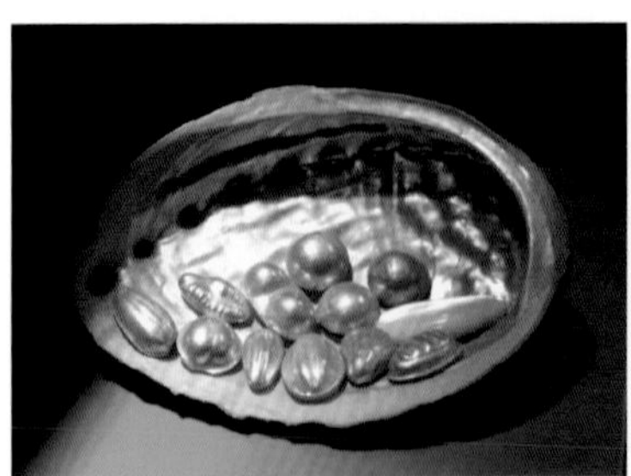

녹색 무늬를 중심으로 다양한 광택을 지닌 전복 진주

진주 양식이 대부분 일본에서 시작되었던 것에 비해 전복 진주는 미국과 유럽을 중심으로 1959년부터 양식하기 시작해 반원 진주를 생산하고 있다. 최근에는 원형 진주를 생산하는 데 많은 노력을 기울이고 있다. 둥근 타원형까지는 성공하였지만 아직 원형 진주를 생산했다는 정보는 듣지 못하였다.

보통 진주가 한 가지 색을 띠는 것과 달리 전복 진주는 마치 오팔Opal처럼 여러 가지 색이 동시에 나타나서 모양보다는 표면의 색이 가치의 기준이 된다. 펜던트, 브로치와 같은 장신구로 만들거나 만년필 등 필기구를 장식하는 데 많이 사용한다.

콩크 진주

조개가 아닌 고둥에서 생산되는 진주이다. 콩크 진주를 품는 고둥의 학명은 *Strombus gigas*로, 주로 중남미, 태평양의 작은 섬나라 등 열대 해역에 분포한다. 살을 식용하기도 하지만 자라는 데 시간이 오래 걸려 양식으로 생산하기가 어려운 종류이다. 종을 보호하기 위해 지역에 따라서는 채취를 금지시킨 곳도 있다.

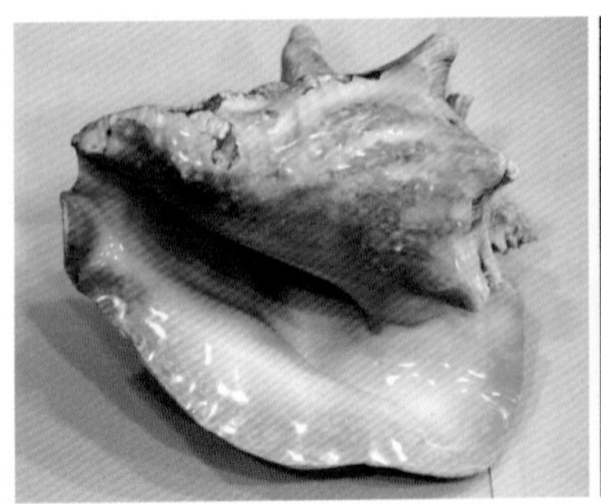

진주를 생산하는 고둥인 콩크조개(왼쪽)와 콩크조개에서 생산된 핑크색을 띠는 진주(오른쪽)

콩크 진주Conch Pearl 양식은 주로 미국 플로리다, 바하마, 쿠바 등에서 이루어진다. 노란색, 갈색, 핑크색, 흰색 등 다양한 색의 진주가 만들어지는데, 붉은색에 가까울수록 그리고 원형에 가까울수록 가치가 높아진다. 주로 껍데기에 반구형 핵을 붙여 키운 반구형 진주를 생산한다.

한꺼번에 많이 만들어 내는 담수 진주

처음에 진주 양식은 담수에서 시작되었다. 바다 진주 양식의 역사가 100여 년이라면 담수 진주는 3000년의 역사를 가지고 있다. 담수 진주 양식을 처음 시작한 중국은 이미 1000여 년 전부터 다양한 모양의 진주를 생산할 수 있는 기술까지 갖고 있었다.

조개 한 마리에서 두 개까지 가능은 하지만 대부분 하나의 진주를 생산하는 바다 진주에 비해 담수 진주는 조개 한 마리에서 30개까지도 생산할 수 있다. 조개가 핵을 품는 기간, 즉 진주를 생산하는 기간도 바다 진주가 최소 2년 이

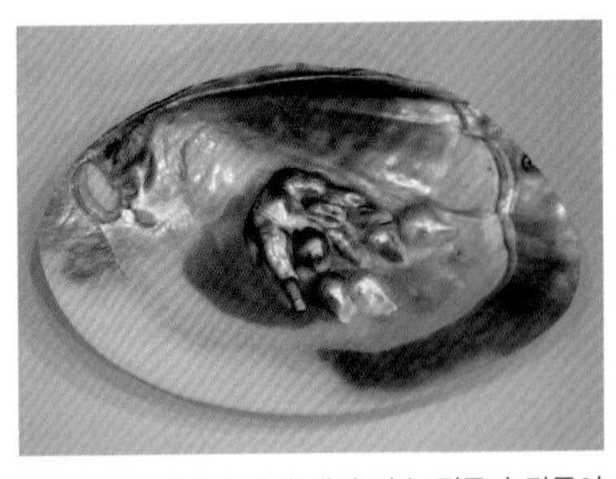
조개 한 마리에서 여러 개의 담수 진주가 만들어진 것으로 수확 직전의 모습

상 걸리는 데 비해 담수 진주는 1~2년이면 충분하다. 담수 진주는 생산하는 방식도 바다 진주와는 다르다. 바다 진주처럼 일정한 크기의 핵을 조개 속에 이식하는 것이 아니라 조개 안쪽 근육에 상처를 낸 후 작은 핵이나 다른 조개의 근육을 잘라다가 촘촘히 박으면 대부분 진주로 자란다.

생산 과정이 바다 진주에 비해 단순한 편이고 한꺼번에 많은 양을 생산하게 되므로 원형의 진주가 만들어질 확률이 높을 것 같지만 실제로는 핵을 한 개씩 넣는 바다 진주의 확률과 크게 다르지 않다. 즉, 모양이 동그랗고 백옥 같이 흰 진주가 생산될 확률은 매우 낮다. 빛깔도 백색보다는 노란색, 옅은 핑크, 황색, 푸른빛이 도는 광택을 띠며 색은 탁한 편이다. 하지만 삽입하는 핵의 모양에 따라 쌀알 모양, 계란 모양은 물론이고 심지어 모서리가 둥근 네모도 만들 수 있다. 또 핵에 다양한 문양을 넣으면 그 문양이 새겨진 진주도 만들어진다.

담수 진주는 성장이 빠르고 다양한 색과 모양을 낼 수 있으며 대량으로 생산할 수 있다는 장점이 있다. 그러나 모든 상품이 그렇듯이 대량 생산은 상품의 희소성이 떨어져 가치도 떨어뜨린다. 일반인도 비싸지 않은 가격에 진주를 소유할 수 있게 되었지만 보석으로서 가치가 떨어진 것도 사실이다. 가격이 싼 진주는 담수 진주로 이해하면 되는데, 간혹 담수 진주를 바다 진주로 속여 상당한 이익을 취하는 나쁜 사람도 있다. 그래서 양식을 한 것이기는 하지만 키우는데 오랜 시간이 걸리고 높은 수준의 기술이 필요한 데 비해 생산량은 적은 바다 진주를 담수 진주와 구분하여 천연 진주의 범주에 넣어야 한다고 주장하는 사람도 있다.

적은 비용으로 많은 양의 진주를 생산할 수 있는 담수 진주는 굳이 추가 비용을 들여가며 가공이나 화학 처리를 하지 않는다. 오히려 반짝이는 타일을 만드는 재료나 화장품, 건강식품 등 진주 소재 원료로 가공하거나, 바다 진주에 삽입하는 핵의 가격이 비싸지면서 그 대용품으로 사용된다. 투명한 백진주와 다르게 표면이 어두운색을 띠는 흑진주는 약간의 색이 있는 담수 진주를 핵으로 사용해도 무방하다.

담수 진주는 염분이 없는 담수에서 만들어지므로 진주

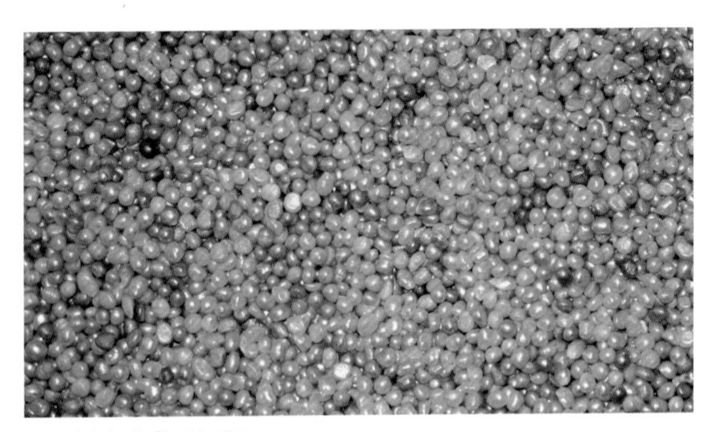

대량 생산이 가능한 담수 진주

를 구성하고 있는 성분이 염분에 비교적 약하다. 따라서 담수 진주는 땀에 닿으면 쉽게 부식되거나 색이 변하며 광택도 적고 무겁다. 남양진주와 같이 10밀리미터 이상의 크기는 생산하기 어려웠으나 양식 기술의 발달로 최근에는 간혹 10밀리미터 이상 크기의 진주를 생산하기도 한다. 모양도 상품성이 높은 동그란 담수 진주의 양이 늘었다. 보석의 가치는 희소성에 있다고 여러 번 강조해 왔는데 다양한 모양과 독특한 색, 문양 등을 만족시키는 담수 진주의 경우에 간혹 바다 진주보다 비싸게 팔리기도 한다.

담수 진주를 키워 내는 조개 종류는 다양하다. '대칭이',

'말조개' 등 호수나 물살이 세지 않은 강에서 자라는 조개들이며, 일본에서는 이케쵸*Hyriosis Schegelii*, 강굴와 가라스*Cristaria Plicata*, 귀이빨대칭이라는 조개를 많이 이용한다. 담수 진주를 활발하게 생산하는 중국에서도 주로 대칭이를 이용한다. 담수 진주 생산은 중국이 단연 으뜸이다. 일본이나 미국, 유럽의 일부 국가에서도 담수 진주를 양식하고 있지만, 5000여 개가 넘는 담수 진주 양식장을 갖고 있는 중국의 생산량을 따라가지는 못한다.

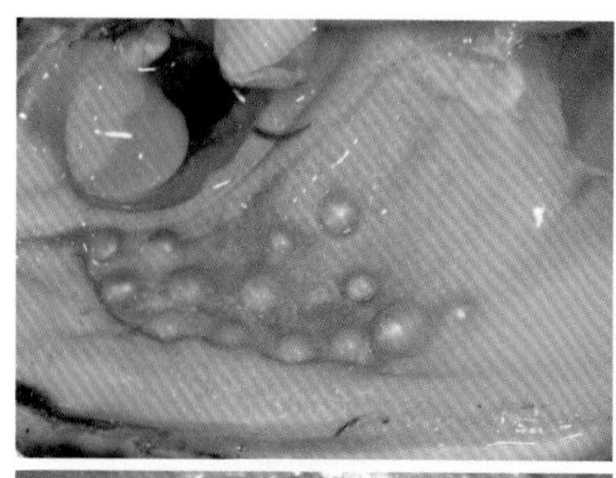

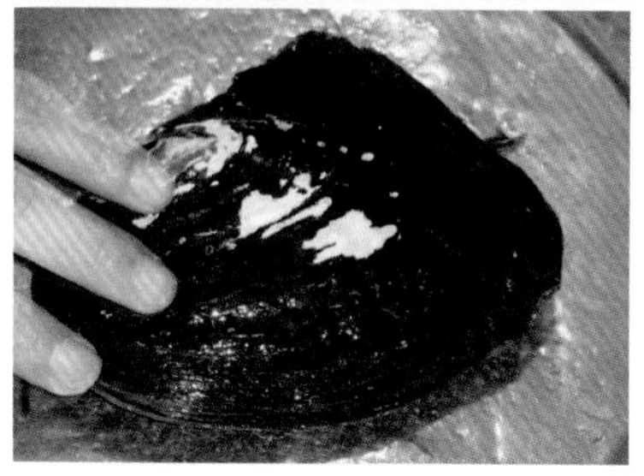

조개 하나에서 여러 개의 담수 진주가 만들어지고 있다(위). 담수 진주를 품어 생산해 내는 조개인 대칭이(아래)

우리나라도 1960년대부터 담수 진주를 생산해 상업적으로 판매하였으나, 강과 호수를 식수원으로 관리하기 때문에 양식의 규모가 크지는 않았다. 중국과 교역이 활발해진 이후에는 담수 진주의 생산보다는 가공에 관심이 높아졌다.

인조 진주

인조 진주는 말 그대로 유리알, 플라스틱, 두꺼운 조개껍데기를 깎아서 만든 핵에 진주 광택이 나는 칠을 하여 만든 모조품이다. 천연 진주가 귀해서 수요를 충족시키지 못하던 시절에 개발되었으므로 인조 진주의 역사도 꽤 길다. 1656년 프랑스에서 처음으로 만들어졌다고 알려져 있는데, 당시에는 은백색의 광택을 만드는 기술이 핵심이었다. 가장 쉽게 구할 수 있는 갈치, 정어리, 청어 같은 물고기의 비늘과 부레를 모아서 물에 넣고 휘저으면 떨어져 나오는 반짝거리는 구아닌 결정을 모아 셀룰로오스와 계란 흰자위를 섞어서 진주 광택을 내는 물감으로 만들었다. 당시로서는 정말 기발한 발상이었다.

다양한 색으로 가공한 인조 진주 목걸이

지금은 구아닌과 같은 색소를 사용하지 않고 진주조개에 삽입한 핵에 진주층을 덧씌우는 것처럼 비슷한 색과 광택을 가진 유성 물감을 반복하여 덧칠하면 영락없는 진주처럼 광택이 난다. 이때 형광 기능이 있는 물감이라면 광택을 한층 더 낼 수 있다. 요즘은 인조 진주라고 해도 맨눈으로는 거의 분간할 수 없을 정도로 정교하여 현미경으로 확인해야 구분할 수 있을 정도이다. 인조 진주만 생산하는 전문 기업이 생겨날 정도로 진주 생산의 한 영역을 차지하고 있다. '마조리카' 라는 스페인 회사가 다양한 색의 인조 진주를 생산하는 것으로 유명하다.

인조 진주를 구별하는 가장 쉬운 방법은 가격이다. 홈쇼핑이나 쇼핑센터에서 '이미테이션 가공 진주' 라고 소개하며 싸게 판매하는 진주는 인조 진주이다.

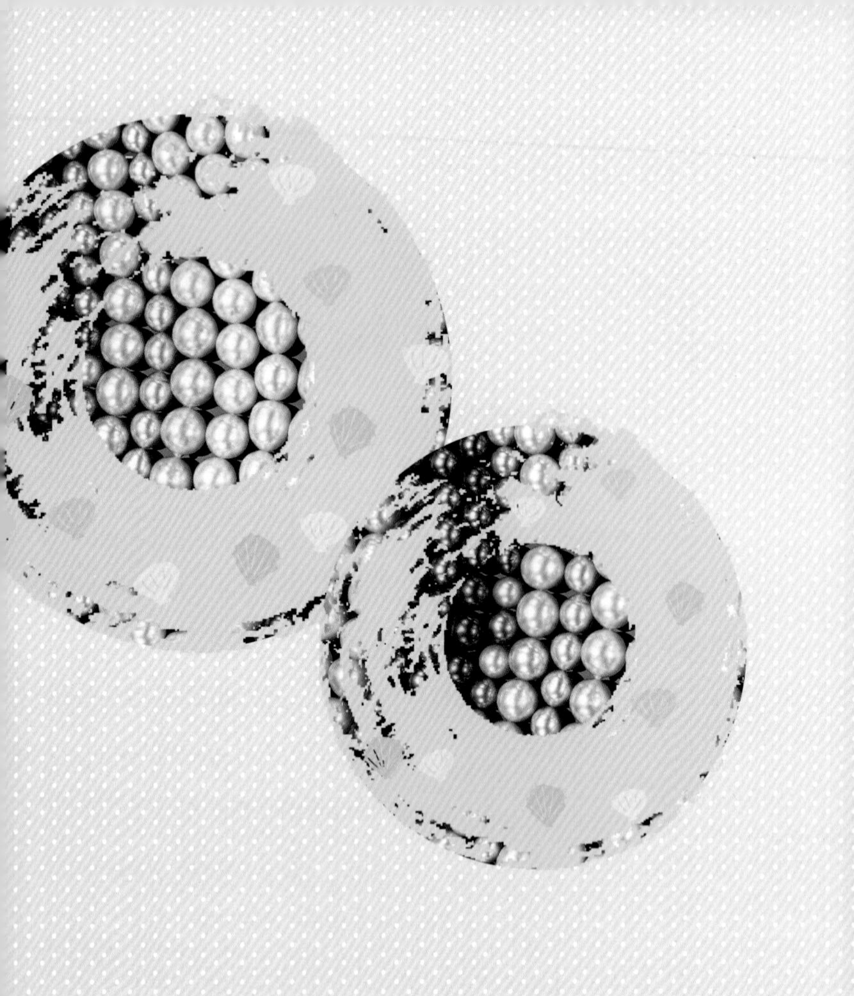

3
진주는 어떻게 만들어지나

진주조개는 종류마다 서식하는 지역이 다르기 때문에 살아가는 모습생태도 조금씩 다르다. 아코야 조개는 주로 온대와 아열대 지역에 분포하며, 여름이 시작하는 6월에 알을 낳는다. 수정이 이루어지면 약 20일 동안은 물속을 떠다니며 플랑크톤으로 지낸다. 조개 모양으로 탈피를 하고 난 후에는 바위나 그물 같은 곳에 붙어 자라는데 이후 아코야 조개는 일생 동안 부착생활을 한다. 1년쯤 자라면 평균 2센티미터 내외의 크기가 되고, 3년 이상 성장해도 5센티미터 정도이다. 5년이 지나면 약 7~8센티미터 정도가 되는데 그

때부터 길이는 더 자라지 않고 조개껍데기만 두꺼워진다. 일반적으로 3년 정도 자란 조개를 골라서 진주의 핵을 삽입한다.

자연에서 채취된 다양한 크기의 흑진주조개

남양조개에 대한 생태 연구 성과는 아직 많지 않다. 고급 진주를 생산하게 되면서 가치가 높아져 양식하는 방법 등을 연구하고 있으나 아직까지는 진주 양식에 필요한 남양조개를 자연 채취에 의존하고 있다. 개체가 큰 것은 무게가 1킬로그램 이상 되며 주로 산호초 모래 위에서 산다.

아코야 조개처럼 부착생활을 하는 흑진주조개는 1년쯤 지나면 3센티미터, 3년이 지나면 10센티미터 이상으로 자란다. 흑진주조개도 5년 이상 되면 길이 성장은 거의 멈추고 껍데기 두께만 두꺼워진다. 수명은 약 10년 정도이며 흑진주를 양식하는 조개로는 가장 성장이 왕성한 3~4년생 조개를 선택한다.

진주가 만들어지는 과정

진주는 어떻게 만들어지는 것일까? 조개의 외투막과 껍데기 사이에 불순물이 들어오면 진주층을 만드는 외투막의 가장자리 세포가 불순물에 붙게 된다. 이때 세포는 마치 누에고치처럼 불순물을 둘러싸는데 불순물 크기에 따라 다르지만 약 10일 정도면 핵을 완전히 둘러싼 모습으로 바뀐다. 그 모습이 마치 주머니에 싸인 것 같다고 해서 '핵주머니'라고 부른다.

이 핵주머니에서 탄산칼슘과 콘키올린이라는 단백질이 포함된 분비물이 나와 핵을 감싸면서 조개껍데기를 만들듯이 불순물 표면에 진주층을 덧씌워 간다. 이때 배출되는 탄산칼슘에는 아라고나이트와 방해석 성분이 포함되어 있다. 아라고나이트는 광택이 나게 하고, 방해석은 조개껍질 같은 석회석 결정 구조를 만든다. 진주 특유의 은은한 광택은 아라고나이트의 결정과 그 사이를 메우는 콘키올린이라는 물질이 얇은 층으로 여러 겹 쌓이면서 만들어진다. 빛이 겹치는 구조를 통과할 때 간섭 두 개 이상의 파동이 한 점에서 만날 때 합쳐진 파의 진폭이 변하는 현상 작용이 일어나 진주 특유의 빛깔을 만들어낸다. 이때 콘키올린의 색이 진주의 색을 결정한다.

진주가 만들어지는 과정을 정리하면, 조개는 바닷물에 녹아 있는 칼슘을 섭취하여 외투막 가장자리 세포에서 조개껍데기를 만든다. 외투막에서는 각피질, 능주질, 진주질 등 조개껍데기를 만드는 세포가 생겨나는데, 간혹 방해석을 분비하여 조개껍질의 중간층인 능주층이나 각피질을 만드는 세포가 핵이 되는 불순물에 달라붙게 되면 광택이 없는 진주가 만들어지기도 한다. 진주층을 만드는 세포는 한 번에 약 0.5미크론의 두께로 핵을 덧씌우는데, 보통 진주의 진주층은 1밀리미터 정도의 두께를 유지한다. 진주층 두께가 최소한 0.5밀리미터는 되어야 껍질이 벗겨지지 않는다. 지름이 6밀리미터인 핵을 진주조개 속에 넣어 크기가 8밀리미터인 진주를 만들려면 진주층이 최소 2000번은 핵을 둘러싸야 한다. 조개가 서식하는 환경과 먹이에 따라 차이는 있겠지만 평균 2년 정도의 시간이 걸린다.

진주가 만들어지는 원리는 17세기 초 린네Linne가 처음으로 밝혔다. 린네는 조개껍데기가 만들어지는 원리를 연구하면서 조개 속으로 불순물이 침입해 들어오면 자극을 받은 조개가 비정상적으로 물질을 분비하게 되고, 이 분비물이 불순물을 둘러싸서 진주가 만들어진다고 설명하였다. 19세기 폰 헤슬링Phon Hestling은 천연 진주가 만들어진 조개에는 핵주머니가 있는 것을 발견하였고, 1903년 스트라센Strasen은 조개의 외투막 세포가 핵주머니를 만들고 그 속에서 진주가 만들어진다는 것을 밝혔다. 부톤Bueton은 핵주머니는 외투막의 표면이 움푹 패이면서 생긴다고 하였다. 심지어 외투막에 핵주머니가 만들어지면 핵이 되는 불순물이 들어오지 않아도 진주가 만들어진다

흑진주조개를 절개한 모습

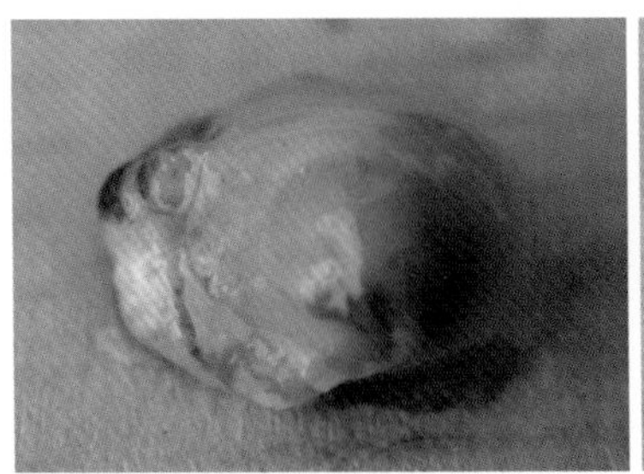
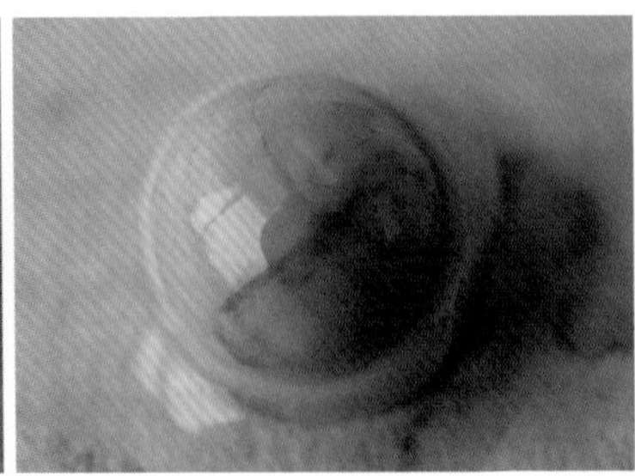

핵을 삽입한 지 2개월된 흑진주조개에 핵주머니가 만들어져 핵을 감싸고 있고(왼쪽), 흰색의 핵에 진주층이 만들어지면서 검게 변해가고 있다(오른쪽).

고 하였다. 그러나 아직까지 자연에서 핵주머니가 만들어지는 원리는 밝혀내지 못했다. 핵주머니가 없는 상황에서 알주머니나 위 속에 핵을 넣고 다른 조개에서 외투막 세포를 잘라서 같이 넣어 주면 알주머니와 위가 핵주머니의 역할을 한다. 물론 알주머니에 핵이 삽입된 조개는 더 이상 알을 만드는 생식 기능은 잃어버린 불임 조개가 된다.

진주 색의 비밀

흔히 흰색과 검은색 진주만 있다고 생각하는데, 전문가들은 진주의 색을 핑크색, 은색, 크림색, 코발트색, 녹색, 청색, 검은색으로 세밀하게 나눈다. 진주는 색소보다는 진주층에 포함된 금속 결정 구조에 빛이 간섭, 굴절, 반사되어 색깔이 다르게 보인다.

색소로 색을 만드는 것은 마베 진주로 검은색의 멜라닌 색소가 진주의 색을 결정한다. 콘키올린이란 단백질에 포함된 미량원소가 진주 색을 좌우하기도 하는데 구리와 아연은 은색을, 구리, 아연, 코발트는 크림색을, 구리, 아연, 코발트, 니켈, 크롬, 망간은 검은색을, 단백질과 철분은 핑크색을 각각 만든다. 이런 색을 내는 물질은 먹이나 물속에 포함되어 진주조개로 들어온다. 이 때문에 지역이나 환경에 따라 진주 색이 영향을 받게 된다.

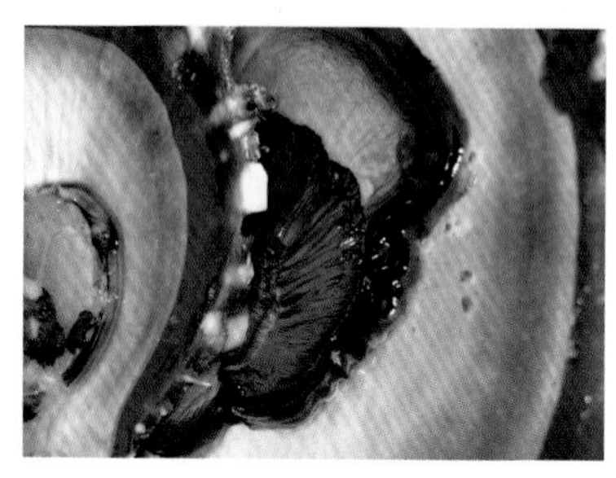

진주의 색을 결정하기 위해서는 진주층에 새겨진 색을 관찰하는 것이 중요하다.

검은색을 띠는 것이 흑진주이지만, 진주를 만드는 것으로 알려진 조개의 진주층은 흑색과 은백색 두 층으로 되어 있어서 완전하게 검은 진주가 만들어지기는 매우 어렵다. 처음에는 진주층에서 검은색으로 자라다가 나중에 녹색이나 은백색 진주층이 만들어지고, 검은색 층 위에 색소를 따라 여러 가지 색이 덮이면서 다양한 색의 진주가 만들어지게 된다. 간혹 은색이나 쇠구슬 같은 회색 진주가 만들어지는 것도 마지막에 은색이나 회색을 만드는 층이 두껍게 덧씌워졌기 때문이다.

4
슬픈 진주의 탄생

은은하고 영롱한 빛을 내는 천연 진주는 몸속으로 들어온 불순물로부터 자신을 보호하려는 조개의 본능적인 자기 방어 과정에서 만들어진 것이다. 그러나 양식 진주는 사람들의 욕심 때문에 살아 있는 생물의 생살을 째고, 자손을 생산하지 못하게 하는 아픔을 주는 혹독한 과정을 거쳐 결실을 본 것이다. 단순히 멋있게 치장하기 위해 또는 자신의 부를 과시하기 위해 생명에 고통을 가하는 안타까운 현실을 되돌아보는 기회가 되었으면 한다.

핵을 넣기 전 진주조개

질 좋은 양식 진주를 키워 내려면 건강한 조개를 확보하는 것이 가장 중요하다. 자연 속에 살고 있는 조개를 원하는 장소에 모아 놓고 관리하는 일은 조개에 핵을 넣는 것만큼 중요하다. 양식 진주는 원칙적으로 조개 한 마리에서 한 개의 진주만을 얻을 수 있으므로 얼마나 많은 조개를 확보하느냐에 따라 진주의 생산량이 결정된다.

조개는 항상 건강한 상태로 유지해야 하므로 조개를 모아 놓은 곳에 대한 관리가 세심하게 이루어져야 한다. 주기적으로 먹이인 플랑크톤이나 유기물의 농도를 살피고, 조개마다 성장하는 데 적절한 수온을 유지시키기 위하여 수심도 관리해야 한다. 또 조개껍데기에 붙은 해적 생물을 주기적으로 없애 주고 질병에 걸리지 않도록 관심을 갖고 관찰한다. 껍데기에 부착한 해적 생물은 조개가 먹이 먹는 것을 방해하거나 조개껍데기에 구멍을 뚫고 살기 때문에 조개를 약하게 만들 수 있어서 각별히 신경 써야 한다.

일본에서는 이미 오래전부터 아코야 진주조개를 양식하는 시설에 대한 연구가 진행되었다. 조개가 알에서 부화하여 자라고 진주를 생산할 때까지의 모든 과정을 철저히 관리하는 시스템이 완벽하게 갖추어져 있다.

진주를 양식하기 위해 조개를 키울 때는 지역마다 조개를 키우는 수심 이외에 여러 가지 관리 방식도 고려해야 한다. 조개마다 살아가는 장소나 방법, 조개가 먹이를 충분히 섭취할 수 있는 위치가 각각 다를 수 있기 때문이다. 앵무고기나 고둥과 같이 조개를 먹어 치우는 포식성 생물이 접근하지 못하도록 관리하는 것도 중요하다. 2008년에 미크로네시아에서는 흑진주의 핵을 삽입한 후 진주가 생산되기를 기다리던 조개가 앵무고기 떼의 습격을 받아 하룻밤 사이에 수백 마리의 조개껍데기가 깨져 죽은 일도 있었다.

진주조개는 대합이나 바지락과 다르게 조개껍데기가 접시 모양이라 아무리 단단하게 오므리고 있어도 불순물이 쉽게 조개 내부로 들어갈 수 있다. 또 일반적으로 조개는 주변 환경이 나빠지면 며칠 동안 껍데기를 꼭 닫고 생활함으로써 자신을 보호하게 되는데, 진주조개는 껍데기 구조상 그럴 수 없어서 급격하게 환경이 변하면 스트레스를 받는다. 반면에 수관이 짧고 넓기 때문에 물 흐름이 좋은 곳에서는 먹이를 한꺼번에 많이 먹을 수도 있다. 이런 조개의 생태를 감안하면 수심이 너무 낮은 곳은 비가 많이 내리는 계절에 민물의 영향을 받게 되므로 대략 3~5미터 정도 깊이 수심에서 관리하는 것이 가장 적당하다.

핵을 삽입할 조개의 적절한 크기는 종류마다 다르다. 껍질이 크고 두꺼울수록 오래된 조개이므로 보다 큰 진주를 키워낼 수 있을 것이라고 생각하기 쉽다. 하지만 조개가 크다고 핵이 빨리 자라거나 커지는 것은 아닌 것 같다. 진주는 핵과 함께 삽입되는 외투막 조각에 의해 만들어지는 것이므로 조개보다는 외투막이 건강한 조개가 중요하다.

핵을 집어넣는 데는 2~3년쯤 된 진주조개가 가장 많이 사용된다. 핵을 삽입하는 수술을 하기 전 조개 속에 핵을 삽

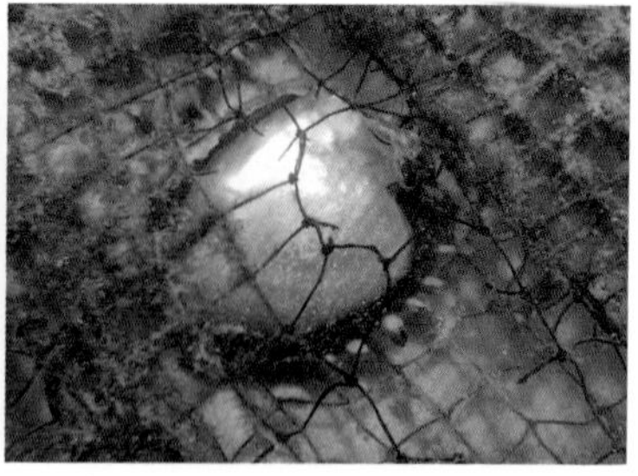
조개의 건강을 유지시키며 관리하기 위해 미리 모아 놓은 모습(왼쪽)과, 앵무고기의 공격으로 부서진 흑진주조개(오른쪽)

입시키기 위한 알주머니 절제 수술을 견딜 수 있는 건강 상태를 유지하고, 수술로 생긴 상처를 스스로 치유할 수 있을 만큼 건강해야 하기 때문이다.

또 알주머니에 알이나 정자가 있으면 핵을 넣은 후에는 이것들이 또 다른 불순물로 작용하여 진주를 울퉁불퉁하게 만들거나, 진주를 만드는 세포가 핵을 감싸는 과정을 어렵게 할 수도 있다. 따라서 알 등은 미리 방출시켜서 알주머니를 깨끗하게 비워 두어야 한다.

알이나 정자를 방출시키기 위해서는 온도를 조절하는 방법을 많이 쓴다. 핵을 집어넣을 진주조개를 미리 1~2시간 정도 바닷물에서 꺼내 놓았다가 큰 수조에 조개를 넣고 찬 바닷물을 넣어 주면 스트레스를 받은 조개가 알이나 정

일정 시간 동안 건조시켜서 조개에 스트레스를 준 후(왼쪽), 스트레스 받은 조개를 수조에 배열시키고 찬 바닷물을 넣어 주면 알이나 정자를 내뱉는다(오른쪽).

자를 바로 내보낸다. 환경이 나빠지면 후손을 위해 미리 알을 방출하는 모성애를 이용한 방법이다. 강제로 알이나 정자를 제거한 조개는 일정 기간(약 1주일 전후)을 다시 바다에 넣어 안정시킨 후에 핵을 넣어야 수술 후 생존 비율이 높다. 알이나 정액을 빼낸 조개는 알주머니가 더 두꺼워지거나 튼튼해지므로 절개하거나 핵을 삽입할 때 쉽게 찢어지거나 큰 상처가 나지 않아서 유리하다.

핵 삽입

바다 진주를 키우려면 적당한 크기로 자란 진주조개를 확보하는 것이 중요하다. 진주조개가 모아지면 조개의 알주머니 속에 구슬 모양의 핵을 집어넣기 위한 준비를 한다.

핵 준비

가장 먼저 크기별로 핵을 준비한다. 핵은 다른 조개껍데기를 구슬 모양으로 만든 것인데, 지금까지는 주로 미시시피 강에 서식하는 담수조개로 만들었다. 이 조개는 껍데기의 두께가 거의 2센티미터로 두껍고 단단하여 다른 어느

담수 조개를 모래와 함께 원통에 넣어 둥글게 가공하고 있는 일본의 진주 핵 가공 공장(왼쪽)과 가공을 마치고 선별하기 직전의 핵(오른쪽)

조개보다 핵으로 사용하기에 좋다. 하지만 바다 진주를 양식하는 규모가 커지면서 늘어난 핵의 수요를 미시시피 강의 조개만으로는 감당하기 어려워졌다. 중국산 말조개나 껍질이 두꺼운 고둥으로 핵을 만들거나 심지어 담수에서 기른 진주를 다시 핵으로 사용하기도 한다. 아직까지는 조개껍질로 만든 핵을 대신해 조개 외투막에서 진주층을 만드는 세포를 속일 만한 재료를 개발하지 못하고 있다. 유리, 플라스틱, 규소, 동물 뼈 등 여러 가지 재질로 만든 핵을 이식해서 진주 양식을 시도해 보았지만 모두 실패하고 말았다. 결국 다시 조개로 만든 핵을 찾게 되었다.

무사히 알주머니에 핵을 집어넣어도 조개가 거부 반응을 보여 뱉어 내거나 조개가 죽어 버리는 경우도 있다. 흑진

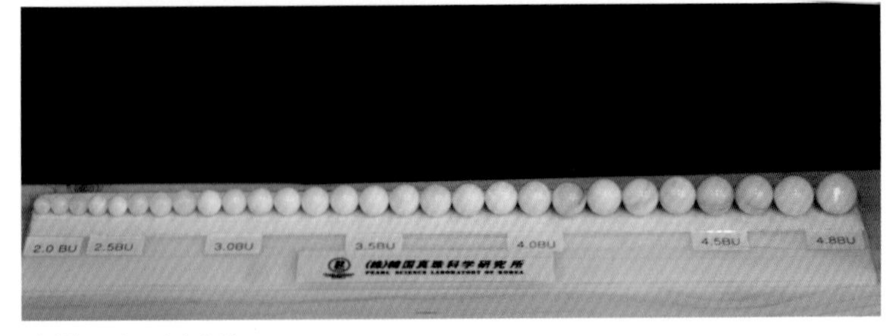

다양한 크기로 생산된 핵

주조개나 남양진주조개는 알주머니에 시술한 핵을 토해 버리는 확률이 매우 높다. 2000년 이전에는 삽입한 핵에 진주층이 덧씌워져 진주로 자랄 확률이 30퍼센트 미만이었다. 지금은 진주조개가 이물질로 생각하지 않는 유기 성분의 화학 물질을 미리 바른 핵이 생산되어서, 조개가 토해 내거나 죽어버리는 비율이 줄어 진주층이 만들어질 확률은 50퍼센트 이상으로 높아졌다.

아코야 진주나 남양 백진주는 삽입하는 핵의 색이 매우 중요하다. 왜냐하면 핵 위에 얇은 막을 여러 번 덧씌워 1밀리미터 정도 두께의 진주층을 만들어도 핵이 가진 원래 색이 진주 사이로 비칠 수 있기 때문이다. 그러므로 이들은 핵을 선택할 때부터 신경 써서 철저히 검사해야 하지만, 흑진

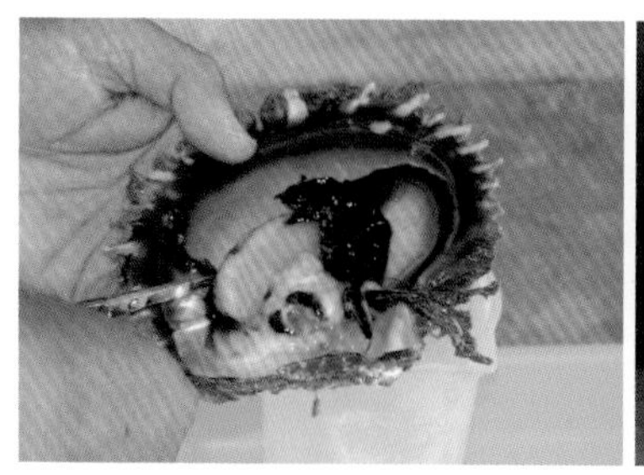

조개를 절개한 후에 외투막을 잘라 낸다(왼쪽). 잘라낸 외투막을 가능한 한 가장자리 부분의 살을 확보하면서 자른다(오른쪽).

주는 담수 진주나 색깔이 있는 핵을 사용해도 괜찮다.

핵의 크기는 다양하게 준비해야 한다. 욕심을 부려 무조건 큰 핵을 준비해도 소용이 없다. 핵을 이식해 넣을 진주조개의 알주머니 크기에 맞추어 이식 수술을 하면서 그때그때 적당한 크기의 핵을 결정해야 하기 때문이다. 핵의 크기는 4밀리미터부터 16밀리미터까지 약 0.7밀리미터 차이로 구분되어 판매되고 있다. 물론 핵의 크기에 따라 가격 차이가 크다. 따라서 큰 진주를 만들어 낸다는 계획은 그만큼 비용도 많이 들게 된다는 뜻이다.

외투막 세포의 확보

진주조개에 핵을 삽입할 때 가장 중요한 준비는 건강하

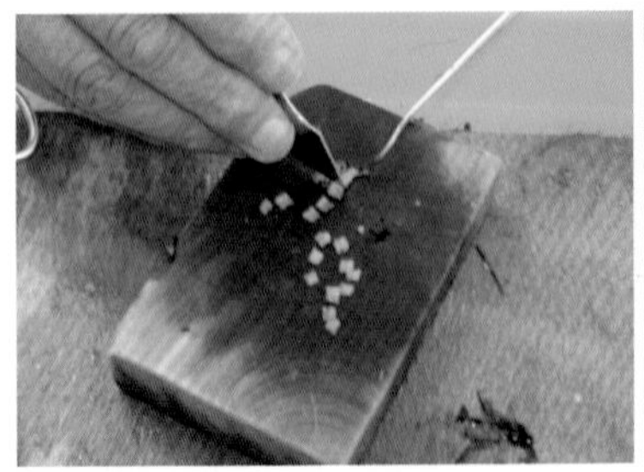

핵에 붙일 수 있는 크기로 자른다(왼쪽). 알주머니 속에서 핵에 붙일 때 잘 보이도록 염색을 한다(오른쪽).

고 적절한 외투막 세포를 구하는 것이다. 외투막 세포흔히 '피스'라고 함가 진주 색깔과 핵 위에 진주층을 안정적으로 만들어 주기 때문이다. 적당한 '외투막 세포'를 찾기 위해서는 건강한 2~3년생 조개를 선택하여 조개껍데기를 살짝 벌려 안쪽의 진주층을 확인한다. 진주층의 색깔이 곱고 광택이 나며 표면이 매끄러우면 건강한 외투막 세포를 갖고 있다는 뜻이다. 그 외 조개껍데기 바깥쪽 표면에 성장선이 많고 껍데기의 색깔이 선명하며 다른 생물에게 공격받은 흔적이 없고 매끄러운 것이 건강한 조개이다.

외투막 세포를 사용할 조개가 결정되었으면, 조개를 열어 조갯살 맨 가장자리에 있는 외투막을 길게 오려 낸다. 이때 외투막 세포의 두께와 위치에 따라 진주의 색이 결정되므

개각기로 벌려 핵을 이식할 준비를 끝낸 아코야 조개(왼쪽)와 흑진주조개(오른쪽)

로 숙련된 기술이 필요하다. 두께가 적당해야 알주머니에서 외투막 세포가 핵에 잘 부착하게 되며, 잘려진 외투막의 위치는 진주의 색을 좌우한다. 조개껍데기 안쪽 진주층을 보면 가장자리가 다양한 색을 띠는데 외투막의 위치에 따라 이 색의 영향을 받는다. 예를 들어 외투막 세포의 바깥쪽을 잘라서 사용하면 진주가 옅은 녹색이나 노란색으로 만들어질 수 있다. 반대로 안쪽 깊숙이 자르면 은색의 진주가 만들어지거나 심지어 진주층 없이 능주층으로 된 투박한 모습의 진주가 만들어질 수도 있다. 길게 잘라낸 외투막 세포는 섬세하게 다듬어 5밀리미터 정도 크기로 다시 자른다. 외투막 세포를 조개의 몸속으로 넣을 때 세포가 핵에 잘 부착되는지 확인하기 위해 붉은색 시약으로 외투막 세포를 염색한다.

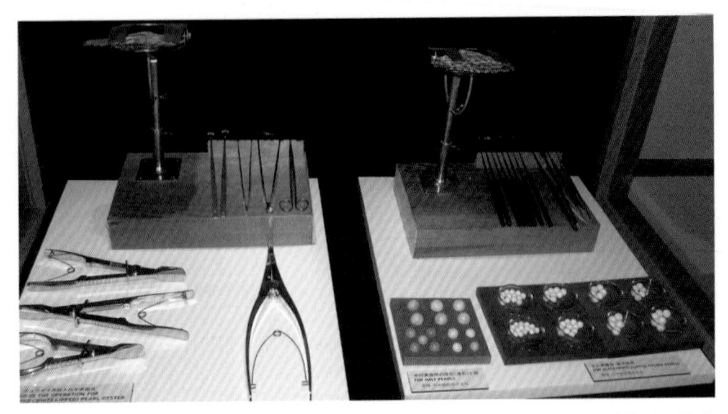

핵을 삽입하는 장비들로, 여러 가지 전문 장비를 갖추어야 조개에 핵을 넣을 수 있다.

핵을 이식할 조개 준비

진주조개에 핵을 집어넣으려면 조개 바깥쪽 표면에 붙은 부착생물이나 불순물을 깨끗이 긁어내고 바닷물에 담가 놓는다. 보통은 이미 알이나 정자를 제거한 조개를 아침에 바다에서 건져 준비를 시작했으면 오후에 핵을 넣는 것이 적당하다. 수술 준비가 되었으면 개각기라는 전문 장비로 조개껍데기를 벌리고 플라스틱 재갈을 물린다. 간단할 것 같지만 전문적인 기술이 필요한 과정이다. 진주조개의 껍데기가 얇아서 자칫 잘못하면 껍데기가 깨질 수 있고, 심하게 벌리면 패각근이 상하므로 조심해야 한다.

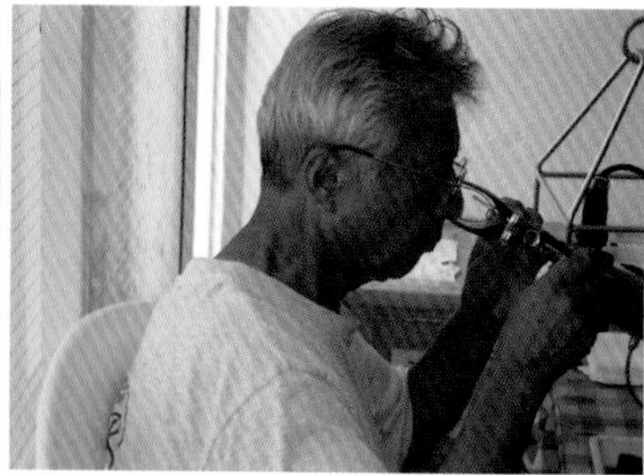

핵을 삽입하는 데 사용할 다양한 장비를 쓰기 편하게 배열한다(왼쪽). 약 2센티미터 틈으로 조개 속을 관찰한다(오른쪽).

핵 삽입

핵을 삽입할 준비가 되었으면 진주조개를 수술대에 올려놓는다. 알주머니를 절제할 수 있는 공간을 확보하려면 진주조개가 바위에 부착하기 위해 사용하는 족사가 오른쪽 방향에 놓이도록 올려놓는다. 개각기를 사용해 조개를 더 벌려서 시술할 틈을 확보한다. 조개 속을 들여다보면서 알주머니 모양을 확인하기 위해 바닷물이 묻은 막대기로 조갯살외투막을 정리한다. 알주머니의 크기와 상태를 확인한 뒤 적당한 크기의 핵을 결정한다.

핵을 넣을 수 있을 정도로 알주머니에 칼집을 내는데, 이때 핵이 이식된 후 알주머니에서 빠져나가지 않도록 절개 각도에 각별히 신경 써야 한다. 칼집을 낸 알주머니 틈 사이

조개에 핵을 넣는다(왼쪽), 핵을 집어넣은 조개를 2년여 동안 관리하기 위해 정리한다(오른쪽).

로 핵을 집어넣는데, 이때 핵을 절개된 알주머니 안쪽 면에 집어넣는 것이 중요하다. 핵이 안정된 위치에 들어가면 미리 잘라 놓은 외투막 세포를 한 개 집어서 삽입한 핵에 붙여준다. 외투막 세포가 핵에 잘 부착되어야 세포가 증식하면서 핵을 둘러싸게 된다.

절제되었던 알주머니는 3~5일이면 다시 아문다. 잘렸던 알주머니의 상처가 서로 붙는 것이 아니고 외투막 세포가 증식하면서 핵 주변에 둥글게 막을 형성하여 막히게 된다. 아코야 진주조개는 수온이 섭씨 25도일 때는 7일 이내, 18도일 때에는 12일쯤 지나면 알주머니가 핵주머니로 바뀐다.

기다림

조개를 양식하면서 진주를 키우는 과정을 정리해 보면 매우 잔인하다. 조금 심하게 표현하면 조개의 알주머니를 잘라서 그 속에 종양을 넣어 키우게 하는 것이다. 이때 조개는 몸속에 들어온 불순물로부터 자신을 보호하기 위해 침입 물질을 둘러싸고, 다시 진주층으로 덮어 버리는 방어 작용을 계속함으로써 진주를 자라게 한다. 시간이 지날수록 진주는 점점 커지고, 크게 자란 진주는 가치가 올라간다. 진주의 가치를 높이기 위해서는 오랜 기다림의 시간이 필요하다.

조개 속에 핵을 집어넣은 직후에는 알주머니에 상처가

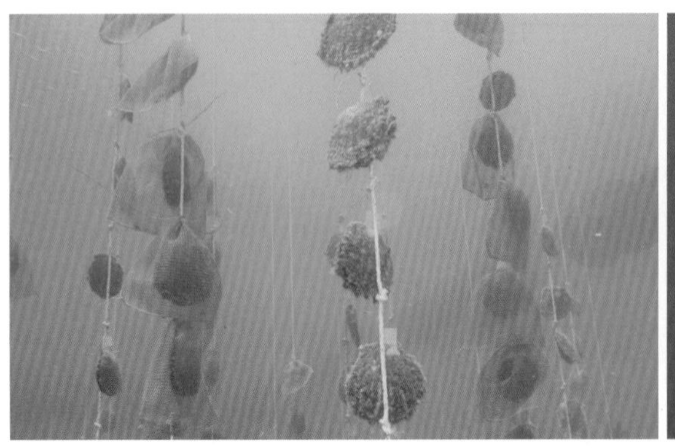

조개를 관리하는 다양한 방식으로 귀매달기(왼쪽), 포켓 방식(가운데), 채롱 방식(오른쪽)

나 있기 때문에 가능하면 깨끗한 상태를 유지해 주어야 한다. 따라서 파도가 잔잔하고, 먹이가 풍부한 지역에서 지낼 수 있도록 관리한다. 핵에 진주막이 형성될 때까지는 가능하면 조개를 귀매달기 식으로 관리하는 것이 좋다. 핵이 알주머니 아래로 쳐지기 때문에 삽입한 핵이 흘러나오거나 조개가 쉽게 뱉어낼 수 없어서 상처가 아물 때까지 조개 속에 핵이 남기 쉽다.

핵을 이식한 후에는 가능한 잠수를 해서 물속에서 조개를 관찰해야 한다. 주기적으로 조개를 관찰해야 하는데 그때마다 물 밖으로 꺼내면 조개가 스트레스를 받아 좋지 않다. 일부 조개가 죽으면 함께 관리하는 조개도 감염되어 죽을 수

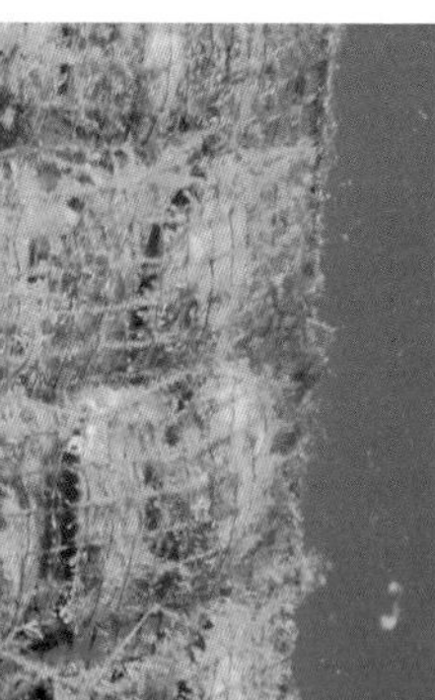

있으므로 집단 폐사 같은 최악의 상황을 막으려면 진주조개의 상태는 꾸준히 주기적으로 살피는 것이 중요하다.

핵 위에 진주층이 덧씌워지는 시간은 조개의 건강 상태와 환경에 크게 영향을 받는다. 대략 수술한 다음 3~4개월 정도 지나면 조개가 안정되는데, 이때부터는 귀매달기 방식보다는 채롱 안에서 조개를 키우는 것이 좋다. 그래야 조개를 잡아먹는 포식 생물들로부터 보호하기도 쉽고, 조개가 수평으로 안정되게 위치할 수 있어서 먹이를 먹기에도 편하다. 약 2~3개월 동안 안정된 상태를 유지하면서 채롱과 조개 표면을 주기적으로 청소해 주어야 조개가 건강하게 자랄 수 있다.

수확

진주를 수확하는 시기는 특별히 정해진 것이 없다. 아코야 진주는 주로 11월에서 2월까지 겨울철에 수확하는데, 이 시기에 수확한 진주의 광택이 아름답다고 한다. 진주 수확은 조개로서는 또 한 번의 시련을 겪어야 하는 잔인한 과정이다. 조개에서 살을 모두 떼어내 물과 함께 기계에 넣고 살을 짜내면 진주가 밑바닥에 가라앉는다. 결국 조개의 운명과 진주를 바꾸는 셈이다.

하지만 흑진주와 남양진주는 상황이 조금 다르다. X-선을 이용하여 조개 속의 흑진주 위치와 크기를 확인한 뒤

 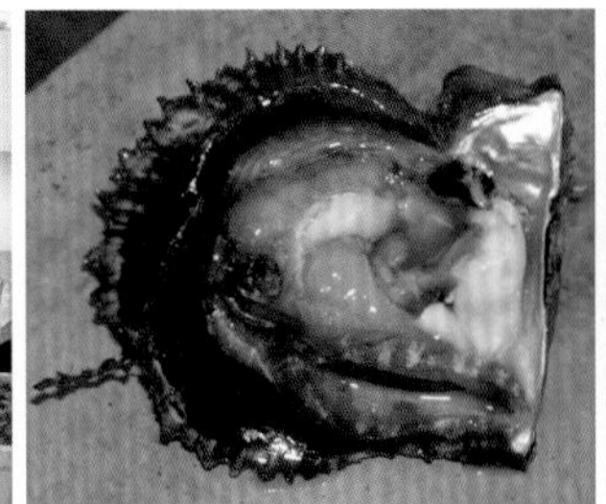 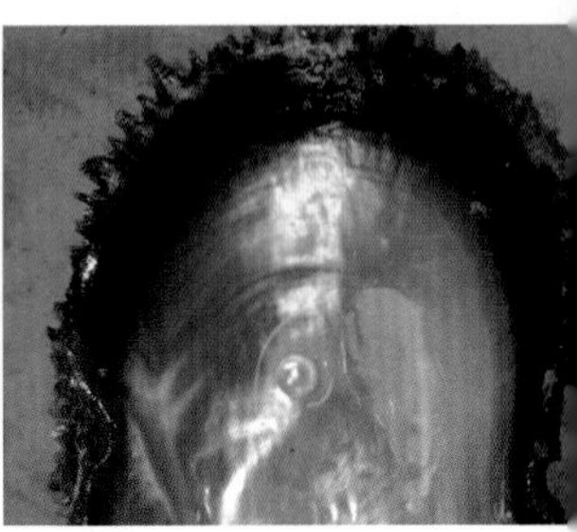

엑스레이로 진주의 크기와 위치를 확인하고 있다(왼쪽). 조개를 절개해 진주를 확인한다(가운데). 수확 직전의 아코야 진주(오른쪽)

개각기로 조개를 다시 벌려 알주머니 속에 만들어진 핵주머니를 절개한다. 이미 이때는 알주머니가 아닌 단단한 핵주머니로 바뀌어 있다. 조심스럽게 핵주머니에서 진주를 꺼내고 준비해 둔 더 큰 핵과 외투막 조각을 다시 삽입한다. 이미 생식 기능을 잃은 조개는 단단한 핵주머니가 만들어져 있기 때문에 기꺼이 인간을 위해 다시 종양을 품을 수 있다. 크기가 12밀리미터 이상으로 큰 진주는 이렇게 만들어진다. 어려운 과정을 거쳐 만들어지기 때문에 크기가 12밀리미터 이상인 진주는 가격도 두 배, 세 배 비싸다.

수확한 진주는 깨끗한 바닷물로 닦아 모양과 색을 기준으로 품질별로 나누는데, 우선 모양을 기준으로 원형과 기타 모양으로 나누고, 그 다음에 크기와 색깔별로 구분한다.

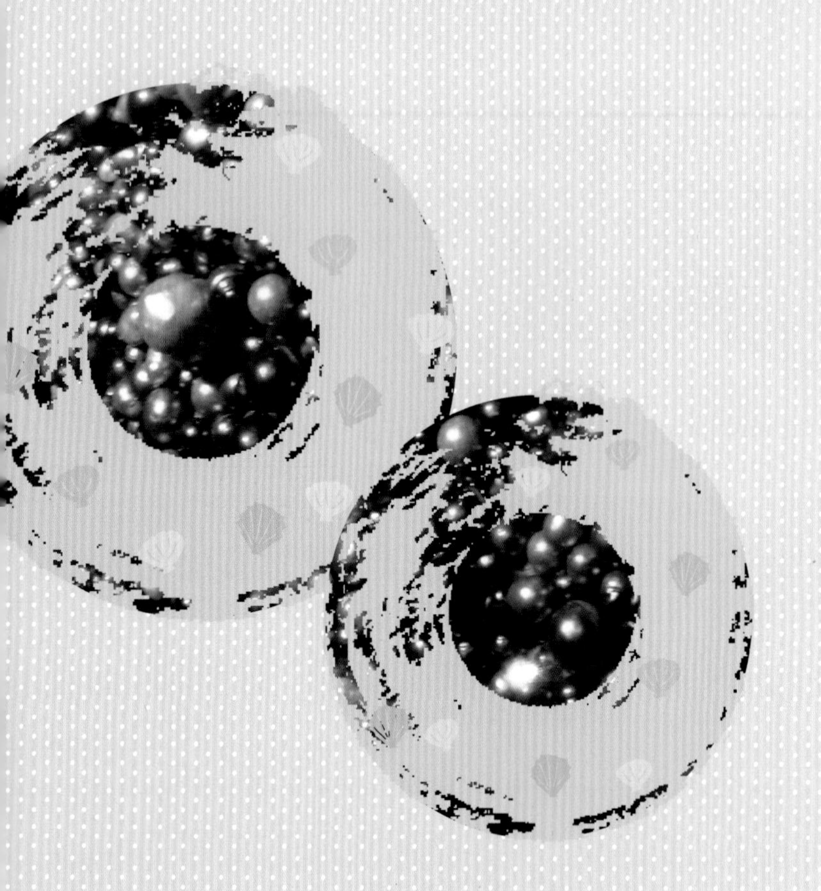

5
진주 산업

진주의 아름다움은 사람들의 소유욕을 자극하였고, 결국 재산 가치로 평가받으면서 시장이 형성되어 산업으로 발전하게 되었다. 이 과정에서 가장 중요한 역할을 한 것이 진주 양식이다. 자연에서 한정적으로 채취하던 진주를 인위적으로 대량 생산할 수 있게 되면서 전 세계적으로 1조 원 이상 규모의 시장을 형성하고 있다. 불과 100년의 짧은 역사와, 아직까지도 노동력과 시간에 의존하는 구시대적 생산 과정을 거침에도 진주 양식은 높은 부가 가치로 인해 산업으로 발전하고 있다.

전 세계적으로 연간 50톤 이상의 양식 진주가 생산되고 있다.

양식의 역사

진주 양식 하면 일본과 타히티가 떠오른다. 특히 일본은 진주 양식을 처음 시작했을 뿐 아니라 양식 기술도 매우 앞서 있었다. 진주 양식의 역사가 길어지면서 호주, 중국, 인도, 필리핀 등 진주를 양식하는 국가들이 늘어나고 이들 국가의 기술과 진주 품질이 좋아지면서 이제 일본을 뛰어넘어 기술 평준화가 진행되고 있다. 단지 생산된 진주의 처리 및 가공 기술과 핵을 조개에 삽입하는 기술만은 아직도 일본이 이들 국가보다 뛰어나다. 현재 전 세계적으로 남양진주를 주도적으로 생산하고 있는 호주도 진주조개에 핵을 삽

세계에서 처음으로 진주 양식을 시도한 것을 기념하는 일본 미에현의 기념물(왼쪽)과 오래전에 일본으로 끌려간 한국계의 후손으로 알려져 있는 미키모토의 동상(오른쪽)

입하는 기술만은 일본의 힘을 빌리고 있다.

바다에서 구형 진주를 처음 양식한 것이 일본으로 알려져 있지만 실제로는 유럽 사람이 처음 성공시켰다. 물론 일본이 19세기에 본격적으로 진주 양식을 시작하고 주도한 국가임에는 틀림없다. 일본 나고야에 살던 미키모토가 1888년에 진주 양식을 시도하였으며, 1893년에 반구형 바다 진주를 처음 생산해 냈다. 미키모토가 진주 양식이 산업으로서 체계를 갖출 수 있는 기틀을 마련한 셈이다. 그러나 원형 진주는 1907년에 독일인 알페르데스와 일본인 니시가와에 의해 처음 만들어졌다. 이를 미키모토가 기존의 반구형 진주 생산 시스템을 이용하여 원형 진주를 대량으로 생산하는 방법을 개발해 냈다. 그는 뛰어난 사업적 수완을 발휘하여

진주 생산 초기에 양식을 하려고 조개에 핵을 넣는 모습(타히티 박물관)

영국 런던1910년, 미국 뉴욕1927년, 프랑스 파리1928년에 각각 진주 대리점을 내는 등 사업을 국제적으로 확장시켜 나갔다. 초창기에는 진주를 양식한다는 사실을 사람들이 이해하지 못해 가짜 진주로 오해받기도 했지만, 지금은 양식 진주를 대표하는 브랜드로 자리 잡았다.

두 차례의 세계대전을 겪은 20세기 초반에는 사람들이 진주에까지 관심을 가질 수 없었다. 전쟁이 끝나고 경제가 안정되자 보석 시장은 다시 활기를 찾기 시작했다. 그러나 천연 진주 생산에 문제가 생겼다. 그동안 천연 진주의 90퍼센트를 생산하던 페르시아 만에 유전이 개발되기 시작한 것이다. 진주보다 훨씬 소득이 높은 원유를 생산하게 되면서 페르시아 만 주변의 진주조개 서식지는 급속하게 황폐해졌다. 천연 진주의 생산이 줄어들자 상대적으로 일본의 진주 양식 산업은 호황을 누리게 되었다.

우리나라의 진주 생산

우리나라도 일찍부터 진주 양식에 관심을 가졌다. 1961년 당시 국립수산진흥원이 진주조개 모패 30킬로그램과 치패 3킬로그램 정도를 일본에서 수입해 처음으로 진주 생산을 시도하였지만 고전을 면치 못했다. 1965년에는 개인 사업가 김해덕 씨가 진주 핵을 삽입한 진주조개 100여 개를 일본에서 수입하여 경상남도 통영 욕지도 주변에서 키웠으나 역시 성공하지 못하였다. 이후에도 지속적인 노력이 이어졌고, 결국 1982년 김해덕 씨의 집념과 노력으로 진주를 생산하게 되었다. 그는 일본 기술자까지 몰래 데려와 도움

일본은 지금까지도 양식 기술과 생산을 국가에서 관리하고 있다.

을 받았는데 당시 진주 생산 기술을 갖고 있던 일본이 다른 나라에 기술이 알려지는 것을 철저히 막았기 때문이었다. 일본은 국립진주연구소를 설립하고 양식 기술을 철저히 관리하여 다른 나라에서는 기술 관련 정보를 확보하기가 몹시 어려웠다. 한 개인의 힘으로 우리나라는 진주 생산에 성공하였고, 이후에도 김해덕 씨는 '해덕 진주'라는 회사를 세워 진주 생산에 일생을 투자하였다.

1990년대에 비로소 생산에서 가공까지 진주 생산의 모든 과정에 대한 기술을 익혀 산업화할 수 있는 기초를 갖추었다. 그러나 진주 생산이 진행되었던 통영 바다는 일본 나고야보다 겨울철 바다 수온이 낮아 겨울이면 진주조개를 제주도로 옮겨야 하는 등 우리나라에서 진주를 생산하는 것은 경제적이지 못했다. 또 생산된 진주를 가공하는 기술도 뒤떨어져 일본으로 수출한 진주가 상품으로 가공되어 역수입되는 일도 벌어졌다. 결국 진주 생산은 활성화되어 보지도 못한 채 한산도 주변의 극소수 진주 양식장만이 명맥을 유지하고 있다.

여담인데 진주는 참 재미있는 보석이다. 우리나라에서는 광물이 아니라 조개껍데기와 구성 성분이 같다고 농수산물로 분류된다. 보석이 조개껍데기와 똑같은 대접을 받는 것이다. 2003년부터 정부에서 나서서 진주 양식 사업 부흥을 위해 막대한 연구 개발 사업을 진행했음에도 현재 우리나라는 진주 생산이 극소수로 진행되는 상태이다. 오히려 최근에는 진주조개 치패를 대량으로 생산해서 활발하게 수출하고 있으며, 진주를 수입하여 액세서리로 디자인을 개발하여 부가 가치를 높이는 방향으로 옮겨가고 있다.

급부상하는 진주 산업

진주 한 알의 무게는 대략 7~8그램 정도이다. 그런데 2006년에 담수 진주를 제외하고도 50여 톤의 진주가 생산되었다고 한다. 무게가 아니라 진주의 갯수로 대강 계산해 보면 700만 개 내외의 어마어마한 양이다. 이를 위해 핵을 생산하고 삽입해야 하며, 50퍼센트의 진주 생산 확률을 적용해서 필요한 진주조개의 수를 계산해 보면 최소 생산된 진주의 2배는 되어야 한다. 생산된 진주에 판매 가격을 대충 대입해 보아도 진주 산업은 엄청난 규모임을 알 수 있다. 2006년 기준으로 약 8000억 원 규모였는데, 이는 진주를 생산하기 위한 기반 산업 규모는 제외한 것이다. 진주를 만들기 위해 필요한 핵을 생산하고, 핵을 삽입하기 위한 장비, 양식을 위한 장비를 포함하면 규모는 더욱 커진다. 예를 들면 진주 핵을 생산하는 시장만 해도 2010년에 약 100억 원 규모였다. 물론 일본이 거의 대부분의 시장을 지배하고 있다.

타히티 진주의 80퍼센트 이상을 생산하고 있는 회사로 로버트 왕이 운영하는 (주) 타히티 펄

이제 전 세계 어디든지 진주조개가 사는 지역에서는 진주를 생산할 수 있다. 진주 생산 기술만 갖고 있다면 바다에서 이루어지는 사업 중 아마도 가장 수익성이 높은 사업이 될 것이다. 이렇듯 진주 생산 기술은 보편화되었다고 하지만 규모면에서는 아직 그렇지 못하다. 담수 진주는 중국, 아코야 진주는 일본, 흑진주는 타히티, 남양진주는 인도네시아가 주축이 되어 생산하고 있다. 2020년에는 전 세계의 진주 생산 규모가 100톤에 이를 것으로 예측하고 있다.

진주의 생산량이 늘어난다는 것이 꼭 좋은 일만은 아니다. 주로 보석으로 쓰이는 진주가 많이 생산된다는 것은 보석이 귀한 이유 중 하나인 희소성이 없어졌다는 뜻이 된다. 보석으로서 가치를 높이기 위해 더 크고, 색과 모양이 독특한 진주를 만들어 내야 한다. 이제는 동그란 모양만으로 진주를 평가하는 시대는 지나갔다. 실제로 진주의 생산량이 늘어나면서 2000년대부터 가격이 폭락하여 진주 시장 자체가 흔들리는 어려움을 겪었다. 진주 자체만으로는 더 이상 판매 가치를 인정받기 어렵다고 판단한 진주 산업계는 다른 보석과 조화를 이루는 예술품 소재 등으로 돌파구를 찾아 나섰다. 보석으로서의 가치가 떨어지는 진주는 화장품 원료나 건강식품, 산업 소재로 과감히 사용하는 등 시장을 다양화하고 있다. 고귀한 순결함을 간직한 보석으로서 아름다움을 만들어 내던 진주의 가치가 바뀌어 가고 있다.

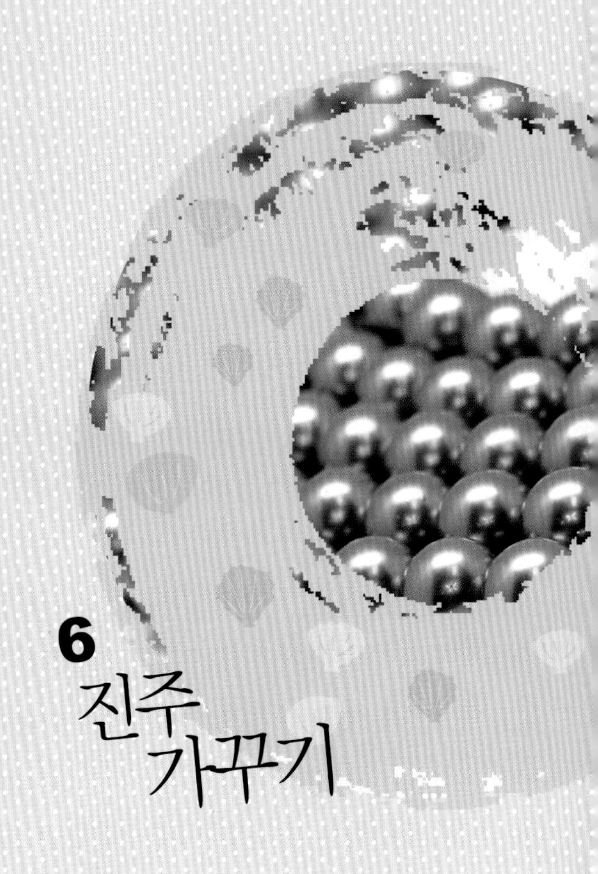

6
진주 가꾸기

진주를 양식하는 이유는 높은 수익을 내기 위함이다. 모든 생산업자들은 비싸게 팔 수 있는 진주를 어떻게 만들지 고민한다. 그들은 자신이 키운 진주의 가치를 최대로 이끌어 올리는 것이 목표일 것이다.

보석에 절대적 가치란 없다. 아무리 아름답다고 하여도 희소성이 떨어지면 가치는 낮아지고, 흠집은 좀 있어도 전 세계에 단 하나 밖에 없는 색이나 모양을 가졌다면 그 가치는 표현할 수 없을 정도로 올라간다. 보석은 상황에 따라 때로는 추상적으로 가치가 변할 수 있다.

진주 가공

사람들은 광물로 된 다이아몬드 같은 보석은 가공을 하지만 진주는 조개가 만든 천연 상태 그대로인 것으로 알고 있다. 물론 맞는 말이다. 하지만 진주의 가치를 높이기 위해서는 상당한 노력들이 더해진다. 자연 그대로 보석 가치를 가지는 진주는 생산량의 10퍼센트 이하에 불과하고, 나머지 90퍼센트는 가공의 과정을 거쳐 통용된다.

대부분의 진주는 불순물을 포함하고 있어서 이것을 제거하는 가공 과정이 필요하다. 더불어 진주의 가치를 높이기 위해 다양한 방법이 동원된다. 2년의 시간을 기다려 어렵게 키워 낸 진주의 값어치를 올릴 방법이 있다면 누구나 실행할 것이다. 안타깝지만 시중에서 유통되는 백진주는 대부분 가공 과정을 거쳤다고 보면 된다.

하얗게 만들기

흑진주나 전복진주를 제외하고는 은백색으로 반짝이는 진주가 가치 있기 마련이다. 그러나 순수하고 영롱한 백진주가 자연적으로 만들어지기는 쉬운 일이 아니다. 양식 진주는 핵과 핵을 덧씌우는 진주층 사이에 콘키올린과 같은 여러 종류의 미세한 유기물이 포함되는데, 이런 유기질 층이 마치 진주가 오염된 것처럼 보이기도 한다. 이를 깔끔한 흰색으로 만들기 위해서는 유기질 층에 남아 있는 단백질을 없애거나 표백하는 과정을 거친다.

표백은 목걸이나 귀고리를 만들기 위해 진주에 뚫어 놓은 구멍으로 표백제를 주사기로 주입하거나 일정 시간 용액에 담아 두는 방식으로 진행된다. 진주에 묻은 유기물만을 녹여낼 때는 농도 낮은 과산화수소를 주로 사용한다. 이때 과산화수소의 농도와 시간, 온도, 빛의 세기 등을 조절하는 것이 매우 중요하다. 과산화수소는 진주층 바닥면에 형성된 유기질 층을 탈색시킬 뿐만 아니라 알코올을 더하면 표면에 묻은 불순물을 제거해서 진주 자체의 색깔도 하얗게 만든다.

표백 처리 과정을 거치면 진주는 흰색을 띠지만 내구성이 떨어질 수 있어서 시간이 오래 지나면 진주층이 부식되거나 금이 갈 수 있으며, 심지어 색이 변할 수도 있다. 표백은 담수 진주에서 주로 이루어지므로 동남아시아나 중국에서 생산된 흰색의 담수 진주는 대부분 표백 과정을 거쳤다고 보면 된다. 미국이나 유럽에서는 오히려 담수 진주 자체의 색을 가치 있게 여기기 때문에 표백하지 않는다. 흑진주나 남양진주도 표백이 가치를 떨어뜨리므로 하지 않는다.

연마하기

진주를 채취하면 진주 표면에 조개 체액이 묻어 표면이 녹거나 돌출된 부분이 생겨 매끈하지 못하다. 이러한 표면 요철은 진주의 광택과 빛의 간섭을 떨어뜨리므로 수 마이크로미터(1마이크로미터는 1000분의 1밀리미터) 정도의 두께로 표면을 연마고체를 갈고 닦아 표면을 반질반질하게 함하게 된다. 표백 과정을 거친 진주는 습식법으로 연마하는데, 물 또는 알코올 용

액과 연마제가 들어 있는 연마기에 적당한 양만큼 진주를 넣고 회전시키면 진주끼리 부딪히면서 1차 연마가 된다.

채색하기

진주를 하얗게 만들기 위해서는 표백도 하지만 색을 입히기도 한다. 일부 보석도 가공할 때 색을 입히는 것이 국제적으로 인정되는 경우가 있다. 예를 들어 천연 루비에 열을 처리하여 붉은색을 더 도드라지게 해서 루비의 아름다움을 더하는 것이다. 진주에 색을 덧입히는 것은 루비와 같은 화학 결합이 아니라 핵과 진주층 사이의 미세한 틈에 염료를 넣는 것이다. 즉 분자 구조 변화에 의한 색 변화가 아니라 염색 과정을 거친다. 때로는 진주의 가치를 높이기 위해 핑크색을 추가하기도 하는데, 이는 일정 시간이 지나면 진주의 색을 변색시키는 요인이 되기도 한다.

진주도 국제귀금속보석연맹CIBJO에서 인정하는 조건이 있다. 양식 진주에 '표백 처리는 인정하지만, 색을 첨가하거나 착색했을 경우에는 판매할 때 알려야 한다.'라고 규정하고 있다. 채색을 한 후에는 다시 건식 연마 방식으로 광택을 내는 과정을 거친다.

닦아내기

진주의 생명이라 할 수 있는 광택을 유지하기 위해서 밀랍bee-wax이나 화학적 광택제를 사용한다. 광택제는 무리하게 사용하면 진주층을 부식시킬 수 있어 주의해야 한다. 진주를 감정할 때 천연 상태에서 생긴 흠집과 가공에 의한 흠집을 구별해 가치를 정하므로 조심해야 하는 과정이다.

코팅하기

담수 진주를 간혹 코팅하기도 한다. 주로 투명 래커를 칠하는 방식인데, 임시 효과는 있으나 바로 증발해 사라진다. 증발이 잘못 되면 오히려 광택이 더 나빠지기도 해서 최근에는 거의 하지 않는다.

구멍 뚫기

품질이 결정된 진주로 진주목걸이를 만들려면 구멍을 뚫는 천공 작업을 하게 된다. 구멍은 주로 흠집이 있는 부분에 뚫는다. 실제로는 진주의 흠집을 숨기기 위해 구멍 크기를 조정하기도 하는데 국제 관례상 약 0.3밀리미터 전후여야 한다. 귀걸이는 진주가 빠져 나가지 않도록 구멍을 깊이

진주는 다양한 가공을 거쳐 특성에 맞는 보석 장식구로 재탄생한다.

뚫는데, 진주 크기의 2/3 정도까지 뚫은 다음 가공을 한다. 흠집이 심한 진주는 주로 브로치나 반지로 가공한다. 반지나 브로치는 진주를 고정시키기 위해 표면의 많은 부분을 숨길 수 있기 때문이다. 반원 진주나 3/4 진주로 만든 것은 대부분 심한 흠집을 감추고 있다고 이해하는 것이 좋다.

다양한 방식으로 진주의 가치를 높이기 위한 노력을 하고 있지만, 가공에는 한계가 있다. 좋은 진주란 단단한 진주층을 가지고 있으며 가능한 한 원형을 유지하는 것이 기본이다. 진주층의 두께는 내구성과 밀접한 관계가 있을 뿐 아니라 진주의 빛깔이나 광택에도 크게 영향을 미친다. 이러한 원초적인 구조는 가공의 과정으로는 해결할 수 없다.

진주 고르기

사람마다 좋은 진주를 고르는 기준과 취향은 다를 수 있고, 생산되는 조개에 따라 진주의 가치도 다르다. 우선 진주도 품질이 같다면 크기가 클수록 가치가 높아지고 가격도 비싸진다. 크기가 15밀리미터 이상이라면 약간의 흠집과 찌그러짐은 문제되지 않는다. 아코야 진주는 대부분 4~10밀리미터 정도 크기로 생산되고, 10밀리미터 이상의 크기는 열대 지방에서 생산되는 남양진주와 흑진주에서나 볼 수 있다.

진주 모양에서 최고 가치는 완벽한 구형이다. 그러나 조개가 완전하게 동그란 진주를 만드는 것은 사실 불가능하다. 핵으로 아무리 완전한 구형을 사용해도 진주층을 덧씌우며 만드는 과정에서 생물학적 작용이 큰 변수로 작용하기 때문이다. 서양에서는 동그란 모양 이외에 기형적인 것도 가치를 인정받는다. 아마도 더 이상 복제할 수 없다는 희소성과 함께 자연미에 가치를 두기 때문일 것이다. 진주의 동그란 모양도 형태에 따라 구분을 하는데, 처음 보았을 때 둥근 모습이 드러나면 '오프라운드형'이라 한다. 이를 다시 물방울 모양이면 '드롭형', 계란형이면 '오벌형', 좌우로 둥근 모양이 다르면 '버튼형'으로 나눈다. 진주에 둥근 테 모양으로 흠집이 있으면 '바로크형'이라고 한다.

진주를 평가하는 요소 중 광택 역시 매우 중요하다. 광택이 좋다는 것은 진주층이 충분히 두껍고 표면이 매끄럽다는 뜻이다. 진주의 광택은 표면을 들여다보면서 반사되는 모습이 뚜렷한지 아닌지로 판단할 수 있다. 수많은 진주층에서 빛이 산란과 반사를 일으켜 생기는 광택을 '오리엔트 효과'라고 하는데, 광택이 선명하고 일정해야 가치가 높다. 진주층을 투과한 빛이 핵에 반사되는 정도에 따라 광택이 좌우되며, 진주 표면이 흐리거나 거칠면 반사가 잘 이루어지지 않아 광택이 좋지 않다.

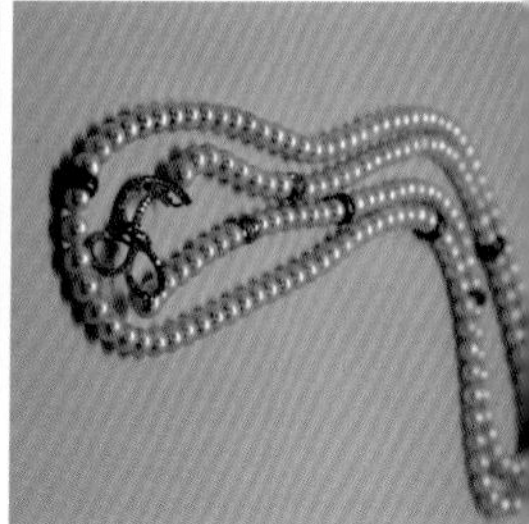

다양한 모양과 색을 지닌 진주들

진주에서 색은 자신을 키워 준 조개가 가지는 고유색에 좌우된다. 조개의 원래 색과 진주층이 빛을 흡수하면서 퍼트리는 색오버톤, overtone이 합쳐져서 색상이 결정된다. 아코야 진주는 밝은 흰색에 유백색 오버톤, 흑진주는 검은색 바탕에 짙은 녹색의 오버톤, 전복진주는 다양한 녹색 계통이 어우러진 색, 남양진주는 흰색에 핑크색 오버톤을 가진 것이 가장 비싸다. 특히 남양진주는 크기가 15밀리미터 이상이면서 색이 핑크색 오버톤이면 가격을 정할 수 없을 정도이다.

진주 관리하기

광물로 된 보석은 장신구로 만든 후에는 특별히 관리할 필요가 없지만, 진주는 가공하고도 세심하게 관리해야 하는 보석이다. 진주는 보석 중에 가장 부드러운 재질로 되어 있어서 작은 충격에도 상처가 날 수 있으며, 열이나 수분, 땀 같은 소금기 등 화학적 영향에도 민감하다.

일반적으로 광물은 단단한 정도에 따라 등급을 나눈다. 가장 부드러운 활석이 1등급이고, 석고가 2등급, 가장 단단한 다이아몬드는 10등급이다. 주로 탄산칼슘으로 구성되어 있는 진주는 산호와 같은 4등급에 속한다. 4등급은 손톱으로 강하게 긁으면 흠집이 생기는 정도이므로 단단한 물질에 부딪히면 쉽게 흠집이 생길 수 있다. 작은 흠집은 부드러운 순면 거즈에 올리브유를 묻혀 문지르면 지워지기도 한다. 진주는 흠집이 없어도 일정한 간격을 두고 올리브유로 닦아 주면 오랫동안 광택을 유지할 수 있다.

보석으로서 진주의 수명은 대략 100~150년 정도인 것으로 알려져 있다. 진주는 자신이 갖고 있는 유기물 때문에 색이 변하고 노화된다. 진주 표면의 색 변화는 백진주에서 더 많이 나타난다. 처음에는 표면의 광택이 없어지고 금이 생겼다가 마침내 껍질이 벗겨진다. 하지만 중세에 만들어진 진주 장식품들은 색깔만 변했을 뿐 아직까지도 심각한 수준의 변화가 발견되지 않았다. 미루어 추측컨대 오히려 인위적인 가공이 진주의 수명을 단축시키는 것 같다. 진주는 너무 건조하거나 습하지도 않고 어두운 곳에 보관해야 오랫동안 가치를 유지한다.

진주 반지나 목걸이를 착용한 채 목욕을 하거나 부엌일을 하면 수돗물과 표백제 성분이 들어 있는 세제 때문에 뿌옇게 변한다. 수돗물에는 염소가 들어 있어서 진주의 탄산칼슘과 만나면 화학 반응이 일어나 진주의 광택에 영향을 미친다. 특히 온천에 들어가는 것은 진주에게는 사형 선고나 다름없다. 온천의 유황 성분은 진주층의 껍질을 벗겨 내기도 하므로 온천에 들어갈 때 진주로 된 장식구는 반드시 빼야 한다. 진주의 주성분인 탄산칼슘은 알칼리성이므로 산성을 띠는 물질에 약하다. 땀, 화장품, 헤어스프레이는 물론 향수도 해롭다. 진주로 만든 장식구를 착용하고 외출할 때에는 향수나 스프레이는 사용하지 않는 것이 좋으며, 나가기 전 제일 마지막으로 착용하고 돌아와서는 제일 먼저 벗어야 한다.

진주는 열과 빛에도 약하다. 햇볕을 오래 받으면 진주에 포함되어 있는 단백질이 누렇게 변하기 쉽고, 온도가 100도를 넘으면 색이 변하고 400도가 넘으면 깨져 버린다.

진주는 환한 빛보다는 일정한 방향에서 비추는 은은한 빛에 더 아름답게 빛난다. 한낮의 야외에서보다는 실내에서 착용하는 것이 진주의 가치를 잘 드러낸다. 또한 밝고 화려한 의상보다는 벨벳처럼 빛을 흡수하는 재질이나 짙은 색깔의 옷에 잘 어울리는 것은 빛을 반사하면서 진주 안에 드리워지는 동그란 원형의 그림자가 마치 눈동자처럼 반짝이기 때문이다.

마지막으로 진주는 다른 보석과 달리 표면이 약하기 때문에 따로 보관하는 것이 좋다. 실크처럼 부드러운 천에 싸서 두거나 진주 전용 보관함을 사용하면 좋다. 플라스틱 상자는 특히 피해야 하는데, 간혹 플라스틱에서 화학물질이 퍼져 나와 진주의 광택을 떨어뜨리거나 색을 변하게 할 수 있기 때문이다.

■에필로그 우리 손으로 만든 흑진주

한국해양과학기술원은 진주와 인연이 많다. 1987년 우리나라에서는 처음으로 진주 양식을 연구 사업으로 수행하였고, 2000년부터는 흑진주 양식을 시도하였다. 진주를 생산하는 데 가장 중요한 것은 뭐니 뭐니 해도 시간과의 싸움이다. 아무리 최첨단 기술을 갖고 있다고 해도 2년이라는 시간을 기다리지 않으면 결실을 볼 수 없다. 두 번째는 수많은 바다생물 가운데 움직임이 없어서 상태를 파악하기가 쉽지 않은 조개를 키우는 것이다. 그것도 바다에서……. 매일 들여다보고 있다고 한들 도움이 되는 것인지조차 알 수 없는 긴 과정을 거쳐야 한다.

그래도 우리는 운이 좋았다. 흑진주 양식은 미크로네시아 연방 축 환초에 위치한 태평양해양연구센터에서 진행되었다. 2006년에 우리는 흑진주조개를 장기적으로 확보하기 위해 직접 양식을 시도하는 한편, 다른 한쪽에서는 원주민들로부터 핵을 삽입할 수 있는 흑진주조개를 모았다. 일본으로 직접 건너가 핵과 핵을 삽입할 수 있는 장비들도 구해왔다. 타히티에서 처음 흑진주를 양식할 때 참여했으며 흑진주 생산에 대한 책을 저술한 분도 초빙하여 교육과 훈련을 동시에 진행하였다.

양식을 시작한 지 6개월 만에 계획한 대로 흑진주조개에 핵을 삽입하기 시작하였다. 한 달여 동안 1000여 개의 조개에 핵을 삽입했는데, 조개가 수술은 잘 견뎌주었지만 일주일 만에 삽입한 핵을 모두 토해 냈다. 다시 핵을 집어넣는 과정을 반복해야 했다. 중요한 시간을 절약하기 위해 핵을 이식해 넣은 진주조개 들을 채롱에 넣거나 귀매달기, 포켓넣기 등 다양한 방법으로 나누어 관리하였다. 가장 효과적인 방법을 찾아야 했기 때문으로 어디선가 본 적이 있는 방식은 모두 동원한 것이었다.

생각 외로 2년은 금방 지나갔다. 필자는 진주를 수확하기 시작한다는 소식을 한국에서 들었다. 하루 종일 컴퓨터 앞에 앉아 진주를 몇 개나 수확했는지 이메일로 다그쳐 물었다. 하루는 사진이 도착했다. 책에서, 아니 보석 가게에서 보았던 바로 그 흑진주가 사진 속에 있었다. 비록 30여 개에 불과했지만, 다양한 색을 가진 동그란 원형의 진주였다.

처음 진주 양식에서는 150여 개의 흑진주를 수확하였다. 하지만 우리는 또 다른 일을 이미 준비하고 있었다. 진주를 생산해 낸 조개에 11밀리미터 크기의 핵을 집어넣는 것이었다. 2년 후에는 14~15밀리미터의 흑진주를 생산할 목표로. 타히티에서도 30년 이상 시도한 끝에 최근 개발한 기술이었기에 조심스러웠다. 5년을 연구하며 기다린 결과는 5개 미만의 13밀리미터 크기의 찌그러진 흑진주였다. 자랑할 수 없는 못난 모습에 실망을 했지만, 그나마 크기가 성공적이라 가능성만은 확인한 셈이다. 비록 5년의 시간이 걸렸지만…….

처음 흑진주를 생산하게 된 것은 우리의 계획은 아니었

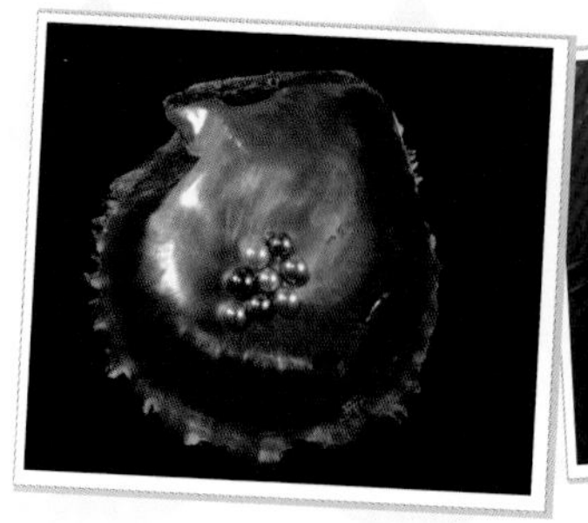
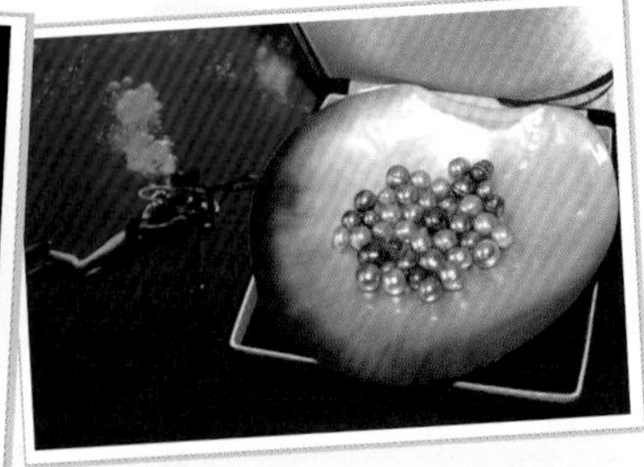

태평양해양연구센터에서 생산한 흑진주

다. 태평양해양연구센터를 미크로네시아 연방에 설립하면서 당시 주지사로부터 요청받은 기술 개발 중 하나였다. 그럼에도 처음 진주 양식을 시작했을 때, 해양과학기술원에서는 연구가 아닌 양식에 비용을 투자하는 일에 많은 지탄도 있었다. 그러나 진주가 생산되고 나니 질시는 찬사와 호기심으로 바뀌었다. 2008년에 '국가과학기술 100선'에 뽑혀 상도 받았다. 지금 우리는 다시 준비하고 있다. 이제 의욕보다는 차분하고 냉정한 마음으로 2년 후를 기대한다.

사진 도움 주신 분들

강도형(한국해양과학기술원) 우리가 생산한 흑진주 125쪽

김억수(수중 사진작가) 채롱 방식 91쪽

정무용(한국해양과학기술원) 진주 목걸이 11쪽, 남양진주 21쪽, 아코야 진주 37쪽, 전복 진주 52쪽, 콩크조개 54쪽, 담수 진주 56쪽, 다양한 크기의 핵 82쪽, 가공한 진주들 114쪽, 다양한 색의 진주들 117쪽

참고문헌

최우현, 2006. 보석이야기, 책사람, 201pp.

캘리홀 지음/김원사 옮김, 2005. 보석, 자연핸드북도감 8, 두산동아, 160pp.

Dilhan, J.F, Saquet, J.L., 1997. Pearls of Tahiti, Collection Survol., 58pp

Gervis, M.H. and Sims, N.A., 1992. The Biology and culture of Pearl Oysters(Bivalvia: Pteriidae), ICLARM, Meter Manila Publ. 72pp.

Kunz, G.F., C.H. Stevenson, 2001. The book of the pearl,; Its history, Art, Science, and Industry, Dover Publ., 548pp.

Lintilhac, J.P., 1985. Black pearls of Tahiti, Royal Tahitian Pearl Book, Papeete. 109pp.

Matlins, A.L., 1996. The Pearl Book: The Definitive Buying Guide, Gemstone Press. Woodstock, 198pp.

Newman R., 2000. Pearl Buying Guide, Int. Jewelry Pulb., 161pp.
Reed, W., 1973, Pearl Oysters of Polynesia, Societe des Oceanistes. 32pp.
Shirai, S., 1970. The Story of Pearls. Japan Pulb. Inc., Japan, 132pp.
Shirai, S., 1994. Pearls and Pearl Oysters of the World, Marine Planning Co., 95pp.
Southgate P.C. and J.S. Lucas, 2008.The Pearl Oyster, Elsevier, 574pp.